Charles Dowding

Kompost

DK

Charles Dowding

Kompost

ALLES, WAS MAN WISSEN MUSS

Inhalt

AUF DEN KOMPOST GEKOMMEN

Um 1960 gab es in der britischen BBC eine Comedy-Show, in der ein Protagonist auf jede Frage zu antworten pflegte: »Die Antwort liegt im Boden.« Nach 40 Jahren Gemüseanbau möchte ich hinzufügen: »... und im Komposthaufen.«

Bodenfruchtbarkeit bedeutet so viel mehr als das »Füttern« des Erdreichs mit Nährstoffen, damit Pflanzen wachsen: Ein vielfältiges Ökosystem gehört ebenso dazu, denn es garantiert dauerhafte Wuchskraft. Kompost nährt das Netzwerk unterirdischen Lebens und fügt ihm Mikroben hinzu. Diese Bodenorganismen und die Struktur, an deren Entstehung sie beteiligt sind, unterstützen Wurzeln, die Nährstoffe, Feuchtigkeit und Luft zu finden, die sie brauchen. Das Ergebnis sind kräftige, gesunde Pflanzen.

Auf Kompost bin ich das erste Mal als junger Mann aufmerksam geworden. Mir ist aufgefallen, dass sich im Komposthaufen meiner Mutter ein Chaos aus Unkräutern und Abfällen in etwas ganz anderes verwandelte – nämlich süß riechende, krümelige Komposterde. Fasziniert habe ich ein bisschen etwas darüber gelesen und entdeckt, dass Kompost in den 1940er-Jahren eine ganz heiße Sache gewesen war. In Magazinen der gemeinnützigen Organisation Soil Association, die sich schon früh mit den Folgen der Landwirtschaft für die Umwelt beschäftigte, fand ich faszinierende Artikel zum Thema. Geschrieben worden waren sie vom Bio-Gärtner J. Arthur Bowers, dem Botaniker und Pilzkundler Dr. M. C. Rayner, dem Bodenchemiker Sir Albert Howard sowie vielen Landwirten und Gartenfachleuten.

Rayner und Howard führten Versuche durch, bei denen das Einbringen geringer Mengen Kompost in den Boden zu einer Verbesserung des Wachstums führte, das weit über das hinausging, was sich allein durch die im Kompost enthaltenen Nährstoffe erklären ließ. Daraufhin befassten sie sich mit den Mikroorganismen im Boden. Howard recherchierte über die Bodenbiologie und die erstaunliche Rolle von Pilzen im Erdreich. Rayner entdeckte die Arbeiten des deutschen Wissenschaftlers Albert Bernhard Frank wieder, der 1885 als Erster eine Arbeit über die Interaktion von Mykorrhizapilzen mit Pflanzenwurzeln veröffentlichte.

Als ich in den 1980er-Jahren noch ganz am Anfang stand, war dieses Wissen um die Bodenbiologie größtenteils verloren gegangen oder wurde schlicht ignoriert. Ich war damals sehr enttäuscht darüber, dass man in der Gartenbauwissenschaft davon ausging, das Myzelgeflecht im Boden hätte für die Vegetation keinerlei Bedeutung. Im Erwerbsanbau nach dem Krieg war man ganz auf Ertragsoptimierung durch Nährstoffzufuhr mithilfe chemischer (synthetischer) Dünger gepolt. Das entwertete Kompost und Tierdung, die im Verhältnis zu ihrem Volumen relativ wenig Nährstoffe enthielten. Auch im Gartenbau herrschte diese Denkweise vor: Man düngte die Pflanzen statt den Boden, ohne zu merken, dass synthetische Dünger die Aktivität der Mikroorganismen und damit die Bodenfruchtbarkeit beeinträchtigten (siehe S. 25–26).

Seither habe ich mein No-Dig-Gärtnern, das Gärtnern ohne Umgraben, praktiziert und weiterentwickelt. Dazu gehört, dass jedes Jahr 2–3cm nicht gesiebter Kompost auf nicht umgegrabenen Boden verteilt werden. Diese simple Methode sorgt für phänomenales Wachstum im Jahresverlauf und erleichtert zugleich die Unkrautbekämpfung. Die erstaunlichen Ergebnisse, die ich damit in meinem Garten Homeacres in der englischen Grafschaft Somerset erziele, haben die Königliche Gartenbaugesellschaft, die Königlichen Botanischen Gärten in Kew und viele weitere Institutionen dazu bewegt, auf das No-Dig-Gärtnern umzusteigen. Kurzum: Kompost wird gerade wiederentdeckt.

Mit einem eigenen Komposter verwandeln Sie pflanzliche Abfälle in eine wertvolle, lebendige Ressource, die die Kraft hat, Ihren Garten zu einem besseren Garten zu machen. Das geht einfacher, als Sie denken. In dieses Buch ist meine jahrzehntelange Erfahrung beim Kompostieren eingeflossen. Ich räume mit Mythen und allerlei Irrglauben auf und vermittle wertvolles Wissen über die Abläufe im Komposter. Wenn man alles Überflüssige und unnötig Komplizierte weglässt, sind erstaunlich wenig Zeit und Energie nötig, um hochwertigen Kompost zu bekommen, der sich leicht einsetzen lässt und nicht mit Unkrautsamen gespickt ist.

Vor allem aber möchte ich mit diesem Buch Ihr Interesse am Kompostieren wecken und Ihnen Erfolgserlebnisse bescheren, damit Sie Ihrem Boden, Ihren Pflanzen und der Umwelt generell etwas Gutes tun können.

» Mit einem eigenen Komposter verwandeln Sie pflanzliche Abfälle in eine wertvolle, lebendige Ressource, die die Kraft hat, Ihren Garten zu einem besseren Garten zu machen. Das geht einfacher, als Sie denken. «

Kapitel 1

Warum Gärten Kompost brauchen

WAS IST KOMPOST?

Kompost ist keine komplizierte Angelegenheit, aber das Wort wird manchmal nicht ganz korrekt gebraucht und auch für andere, ähnliche Materialien verwendet. Deshalb hilft es, ein paar grundlegende Begriffe zu kennen, um Missverständnisse zu vermeiden.

Kompost

Kompost besteht aus organischer Substanz (kohlenstoffhaltigen Materialien pflanzlichen oder tierischen Ursprungs) in unterschiedlichen Stadien der Zersetzung. Er umfasst also alle nicht mineralischen Stoffe wie Laub, Wurzeln, Schnittabfälle aus dem Garten und Schälreste von Gemüse, die so weit verrottet sind, dass das Ausgangsmaterial meist nicht mehr zu erkennen ist. Kompost hat eine dunkelbraune Farbe und idealerweise, aber nicht immer, eine weiche, krümelige Textur. Er ist kein stabiles Produkt, sondern zersetzt sich immer weiter, wobei sich sein Volumen verringert. Der Inhalt eines Komposthaufens ist nie perfekt gleichmäßig oder sogar fertig, aber stets eine wertvolle Ressource im Garten.

Erde

Ton, Sand, Schluff und andere Mineralien verbinden sich mit organischer Substanz zu Erde, in der Garten-, Acker- und Waldpflanzen wachsen. Erde enthält selten mehr als zehn Prozent organische Substanz – drei bis fünf Prozent reichen auch für gesunde Böden. Für den Anbau von hochwertigem Gemüse sind fünf bis zehn Prozent erstrebenswert.

Dung

Tierische Ausscheidungen, ob mit oder ohne Einstreu aus Ställen, werden Dung oder Mist genannt. Genutzt wird Dung von Pflanzenfressern, in frischem Zustand handelt es sich also um verdaute Pflanzenreste, die sich allmählich zersetzen und nach etwa einem Jahr Kompost werden, genau wie Garten- oder Küchenabfälle. Kompostierter Dung von Pferden, Hühnern und anderen Nutztieren eignet sich sehr gut für die Verwendung in Gärten. Mit dem Begriff Dung wird gelegentlich die Herkunft von Kompost präzisiert, vergleichbar mit Laubhumus, bei dem es sich um Kompost ausschließlich aus abgefallenen Blättern handelt (siehe S. 124).

UND WAS IST MIT »HUMUS«?

Humus ist ein etwas verwirrender Begriff. Man beschreibt mit ihm stabile Formen organischer Substanz im Boden. Kompost ist also nicht Humus. Bei Humus handelt es sich eher um die nächste Phase der Zersetzung organischer Substanz nach einem sehr langen Zeitraum. In Erde ist zwar stabile organische Substanz enthalten, aber Wissenschaftler konnten sie nur mithilfe sehr alkalischer Lösungen (mit einem pH-Wert von 13) aus Erde isolieren. Infolgedessen wurde bezweifelt, ob die der Wissenschaft als »Humus« bekannte und als solche auch untersuchte Substanz überhaupt unter normalen Bedingungen im Boden existiert.

WOZU IST KOMPOST GUT?

Kompost, auf die Oberfläche aufgetragen, ist eine schnelle, einfache Möglichkeit, gesunde, fruchtbare und durchlässige Böden zu bekommen. Er gibt der Erde eine weiche, für Aussaaten geeignete Oberfläche, eine wunderbare Struktur für das Wurzelwachstum und versorgt Pflanzen mit Nährstoffen ohne zusätzliche Düngung.

Mulchen mit Kompost imitiert natürliche Vorgänge

Mulch ist alles, was auf der Bodenoberfläche verteilt wird oder dort liegt. Durch Mulchen mit Kompost wird der Boden genauso genährt wie durch natürliche Ansammlung und Zersetzung von abgefallenem Laub und anderen organischen Substanzen auf der Oberfläche von Weiden oder Wäldern. Mulcht man mit Kompost, verteilt man diese Substanzen nur in teilweise verrotteter Form.

Die für die Zersetzung verantwortlichen Mikroben wandeln die Bestandteile kompostierter Materialien in komplexe organische Verbindungen um. Dieser Prozess setzt sich auch noch nach dem Verteilen des Komposts fort. Damit wird Kompost zur wertvollen Nahrungsquelle für Bodenbakterien und -pilze, die wiederum eine wichtige Rolle bei der Versorgung von Pflanzen mit Nährstoffen und Feuchtigkeit spielen (siehe S. 22–24).

Praktisch und schnell verfügbar

Das Schöne an Kompost ist, dass man ihn jederzeit rasch und effizient einsetzen kann. Ich verteile ihn vorwiegend im Herbst auf No-Dig-Beeten, um die Bodenorganismen zu nähren und das Erdreich vor Winterregen zu schützen. Seine komplexen Bestandteile enthalten wasserunlösliche Nährstoffe, die nicht vom Regen ausgewaschen werden, im Gegensatz zu denen, die in vielen Düngern enthalten sind (siehe S. 26). Nach dem Mulchen kann man Kompost sofort besäen und bepflanzen. Er macht aus einer unkrautbewachsenen Fläche im Nu ein nutzbares Beet.

Doch Kompost ist auch für sich selbst ein gutes Wuchsmedium. Er eignet sich bestens für Aussaaten und hat die Nährstoffe und offene Struktur, die Jungpflanzen brauchen. Damit ist er wesentlich besser als unzersetzter Mulch wie Heu oder Stroh. Außerdem zieht er keine Schnecken an, was in feuchten Klimazonen ein großer Nachteil von nicht zersetztem Mulchmaterial ist.

KOMPOST IST NATÜRLICHER MULCH

Kompost bildet eine Lage organischer Substanz auf der Bodenoberfläche, ähnlich wie unzersetztes Pflanzenmaterial, das sich dort auf natürliche Weise ansammelt und verrottet. Gartenbesitzer können damit Bodenlebewesen nähren, die wiederum Nährstoffe für Pflanzen verfügbar machen, damit sie kräftig wachsen und gesund bleiben.

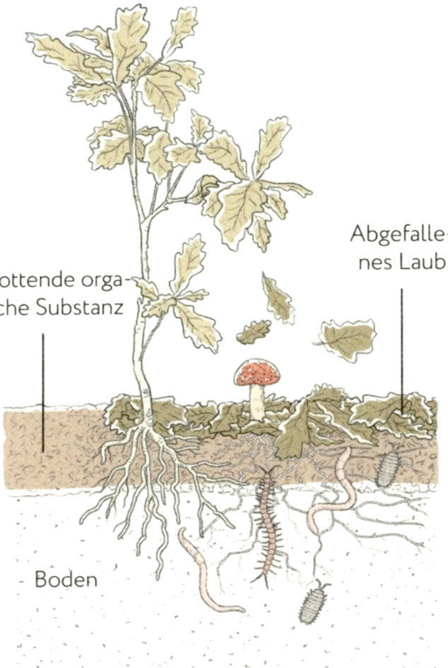

NATÜRLICHE STREUSCHICHT

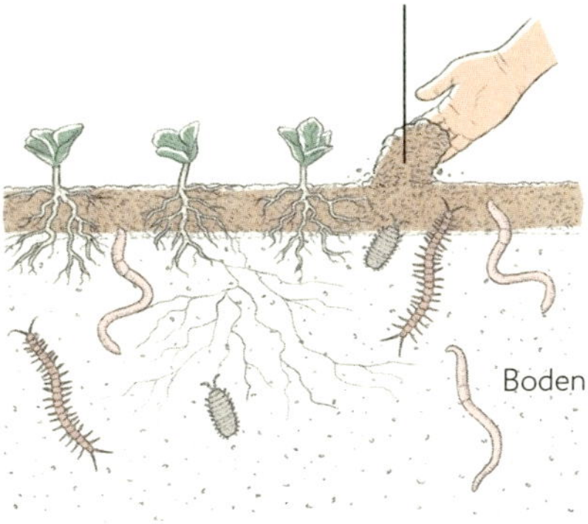

JÄHRLICHER MULCH AUS KOMPOST

DIE VORTEILE VON SELBST ANGESETZTEM KOMPOST

Wie für alles im Garten muss man auch für einen Komposthaufen Zeit, Arbeit und Material aufwenden, damit er etwas bringt. Ich bin aber der festen Überzeugung, dass die Vorteile, die er für Sie und Ihren Garten hat, die Investition auf jeden Fall lohnenswert machen.

Gartenabfälle verwerten

In Gärten fallen ständig Materialien wie gemähtes Gras und Schnittreste an. Sie werden zwar Abfälle genannt, sind in Wirklichkeit jedoch eine wertvolle Ressource, die sich in etwas außerordentlich Nützliches umwandeln lässt. Das Recyceln dieser Rohstoffe zu Kompost, der den Boden verbessert, verdeutlicht nicht nur, wie der Kreislauf des Lebens funktioniert, sondern spart auch bares Geld, das man sonst vielleicht für die Entsorgung der Abfälle und den Kauf von Kompost ausgeben müsste. Zudem bringt das Kompostieren der Umwelt viele Vorteile, denn es reduziert den Abfallberg und die Menge an Verpackungsmaterial, in dem Kompost verkauft wird.

Vollgepackt mit nützlichen Mikroben

Wenn Ihr Kompost etwas klumpig aussieht, ist das kein Grund, sich den Kopf zu zerbrechen, denn er wird trotzdem jede Menge unsichtbarer Bakterien und Pilze enthalten, die das Bodenleben auf Trab halten und dafür sorgen, dass die Nährstoffe gut von Pflanzen aufgenommen werden (siehe S. 22–24). Selbst angesetzter Kompost ist deshalb so wertvoll, weil er Mikroorganismen enthält, die in Ihrem Garten zu Hause sind und sehr gut an die

Klima- und Bodenbedingungen bei Ihnen angepasst sind. Sie vermehren sich während des Zersetzungsprozesses und gelangen in großer Zahl in den Boden, wenn Sie ihn mit Ihrem Kompost mulchen. Dagegen entsteht ein Großteil des im Handel erhältlichen Komposts (siehe S. 34–35) bei hohen Temperaturen, die die meisten Mikroben abtöten.

Gut auch für Menschen

Das Kompostieren kann Gesundheit und Wohlbefinden beträchtlich fördern. Mit diesem Buch wird die Herstellung von Kompost zum Kinderspiel. Dabei geht es nicht um ein perfekt gleichförmiges Endprodukt. Eigenen Kompost auf dem Erdreich zu verteilen macht nicht nur Spaß, es verschafft einem auch ein Erfolgserlebnis, das noch einmal getoppt wird, wenn man sieht, wie die Pflanzen danach gedeihen. Sie können beobachten, wie der Zersetzungsprozess abläuft und sich allerlei Getier in Ihrem Haufen häuslich einrichtet, was Sie wiederum der Natur näherbringt. Untersuchungen zufolge kann der Kontakt mit Bakterien in Boden und Kompost (*Mycobacterium vaccae*) entzündungshemmend und stresslindernd wirken und Neuronen aktivieren, die wiederum die Ausschüttung des Glückshormons Serotonin fördern.

» Eigenen Kompost auf dem Erdreich zu verteilen macht nicht nur Spaß, es verschafft einem auch ein Erfolgserlebnis. «

DAS BODENLEBEN FÖRDERN

Einen Boden zu düngen bedeutet nicht, ihn mit Nährstoffen vollzupumpen. Stattdessen nutzt man Kompost, um ein vielfältiges Bodenleben, das in gesundem Erdreich floriert, zu fördern und zu bewahren. Die Interaktion dieser Lebewesen untereinander und mit den Pflanzen verbessert die Bedingungen für das Wurzelwachstum und versorgt Gewächse aktiv mit Wasser und Nährstoffen.

Das Nahrungsnetz im Boden

Im Boden existiert größtenteils unbemerkt ein vielfältiges Kaleidoskop des Lebens. Jeder Organismus, von mikroskopisch kleinen Bakterien und Pilzen über Würmer und Hundertfüßer bis zu Säugetieren wie Maulwürfen, ernährt sich von lebenden und toten Pflanzen und Tieren. Sie verwandeln sie im Verdauungstrakt in organische Ausscheidungen, die den Boden verbessern und weiteren Pflanzen und Tieren als Nahrung dienen. Das komplexe Netzwerk mit all seinen Interaktionen nennen Biologen das »Nahrungsnetz im Boden«.

Kompostmulch arbeitet mit der Natur

Bodenlebewesen ernähren sich von pflanzlichen und tierischen Resten auf der Bodenoberfläche und tragen zu ihrer Zersetzung bei. Das Schöne an einer Mulchdecke aus Kompost ist, dass sie diesen natürlichen Prozess nachempfindet und sogar beschleunigt, denn die Zersetzung in ihr ist bereits am Laufen. Verteilt man Kompost auf dem Erdreich, ohne ihn ins Erdreich einzuarbeiten, beeinträchtigt man die Bodenstruktur und das Boden-

leben nicht (siehe S. 27–28). Zudem bleibt der Kompost der Luft ausgesetzt, was wichtig für die Organismen darin ist.

In Gärten kann man mithilfe von Kompost und der No-Dig-Methode die Interaktion zwischen Wurzeln und Boden rasch verbessern, sodass die Pflanzen leichter die für das Wachstum erforderliche Nahrung und Feuchtigkeit aufnehmen. Zersetzte organische Substanz im Kompost ist leicht verfügbare Nahrung für das Nahrungsnetz im Boden, während die Mikroben im Kompost die Bakterien- und Pilzpopulationen im Erdreich bereichern. Diese Mikroorganismen sind in der Lage, gebundene Nährstoffe im Boden, auf die Pflanzenwurzeln ohne ihre Hilfe manchmal nicht zugreifen können, verwertbar zu machen (siehe S. 22–24). Durch jährliches Mulchen hält man den Boden in einem biologisch fruchtbaren Zustand und fördert ein gesundes, kräftiges Pflanzenwachstum, ohne dass dem Erdreich noch etwas anderes hinzugefügt werden muss.

» In Gärten kann man mithilfe von Kompost und der No-Dig-Methode die Interaktion zwischen Wurzeln und Boden rasch verbessern, sodass die Pflanzen die für das Wachstum erforderliche Nahrung und Feuchtigkeit aufnehmen. «

WIE PFLANZEN ZU NÄHRSTOFFEN KOMMEN

Pflanzenwurzeln können wasserlösliche Nährstoffe direkt aus dem Boden holen. Aber nicht immer sind sie in so leicht nutzbarer Form verfügbar. Dank wissenschaftlicher Untersuchungen wird allmählich klar, wie sehr Wurzeln die Interaktion mit Bodenbakterien und Pilzen brauchen, um an die benötigten Nährstoffe zu gelangen.

Interaktion zwischen Mikroben und Wurzeln

Viele wissen, dass Angehörige der Leguminosenfamilie, etwa Erbsen, Wurzelknöllchen bilden, in denen sich *Rhizobium*-Bakterien ansiedeln. Diese Bakterien binden Stickstoff aus der Luft. Neuesten Forschungen zufolge können viele, ja, vielleicht sogar alle Pflanzen eine Reihe von Nährstoffen aus Bodenmikroben extrahieren, die über die Wurzelspitze eindringen – der Prozess wird »Rhizophagie« genannt. Die Entdeckung dieses Mechanismus beweist, wie wichtig bodenbürtige Mikroorganismen und ihre intrinsische Rolle für das Pflanzenwachstum sind.

Die Pflanze lockt die Mikroben durch energiereiche »Exsudate« der Wurzeln an. Diese enthalten Kohlenhydrate, ein Produkt der Fotosynthese. Sobald sich die Mikroben in Wurzelnähe befinden, hüllen Wurzelhaare sie ein und ernähren sich von ihnen. Ihre nährstoffreichen Zellwände werden von reaktivem Sauerstoff abgebaut, den die Pflanze bildet. Einige Mikroben werden dabei abgetötet, andere »geklont«, sodass sie sich in der Wurzel vermehren. Sie regen die Pflanze zur Bildung feiner Wurzelhärchen an, über die sie wieder an den Boden abgegeben

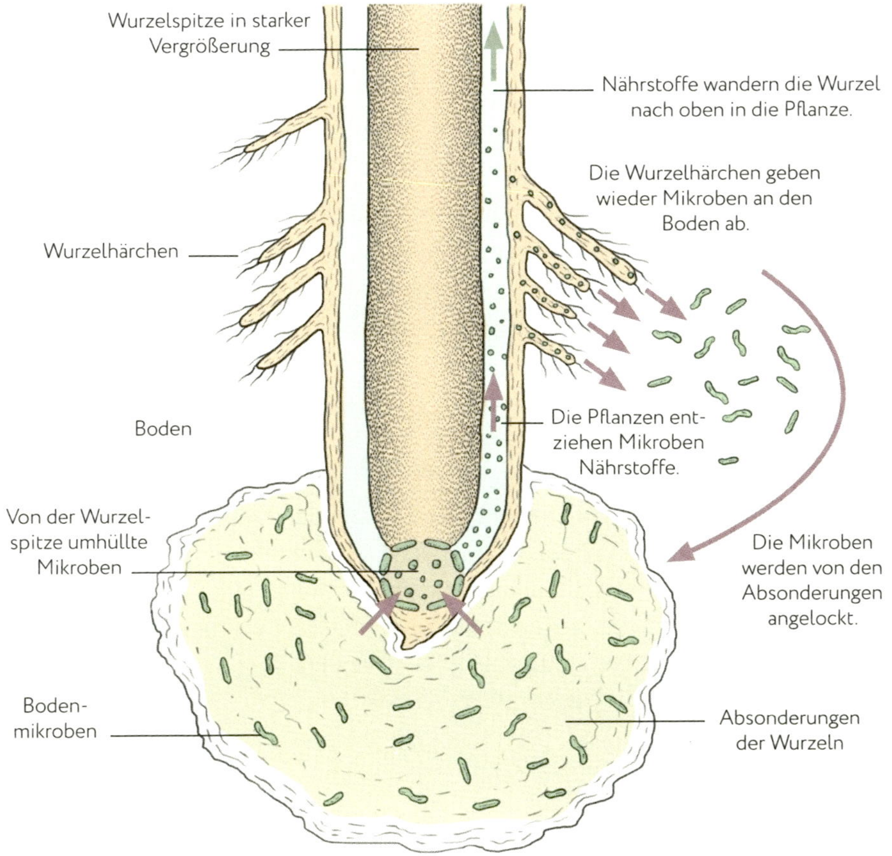

DER RHIZOPHAGIEKREISLAUF

Viele Pflanzentypen gewinnen aus Bodenmikroben Nährstoffe, indem ihre Wurzelspitzen energiereiche Lösungen absondern. Die Mikroben ernähren sich davon und werden von den Wurzeln aufgenommen. In den Wurzeln wird ihre Zellwand aufgebrochen, damit die Pflanze die Nährstoffe nutzen kann. Überlebende Mikroben werden wieder an den Boden abgegeben.

werden, wo sie sich von den kohlenstoffreichen Exsudaten und Nährstoffen ernähren, bis der Kreislauf von Neuem beginnt.

Die Mykorrhiza

Über 90 Prozent der Pflanzen gehen eine Symbiose mit Mykorrhizapilzen ein, die im Boden ein weitreichendes Netzwerk winziger Pilzfäden, das Myzel, bilden. Die Fäden verbinden sich mit Wurzeln und liefern ihnen wesentlich mehr Nährstoffe und Feuchtigkeit, als sie alleine aus dem Boden zu holen imstande wären. Im Gegenzug erhalten die Pilze energiereiche Kohlenhydrate und Fette, die die Pflanze während der Fotosynthese produziert. Die Mykorrhiza ist für viele Pflanzen von Vorteil, für manche sogar lebenswichtig, denn das Myzel reicht weit über die Wurzelzone hinaus und gelangt an Wasser und Nährstoffe in Bodenporen, die für die Pflanze unerreichbar wären, etwa Phosphor. Kompost schafft eine gesunde Bodenumgebung, in der die Mykorrhiza gedeiht. Durch die No-Dig-Methode bleibt das Pilzgeflecht intakt.

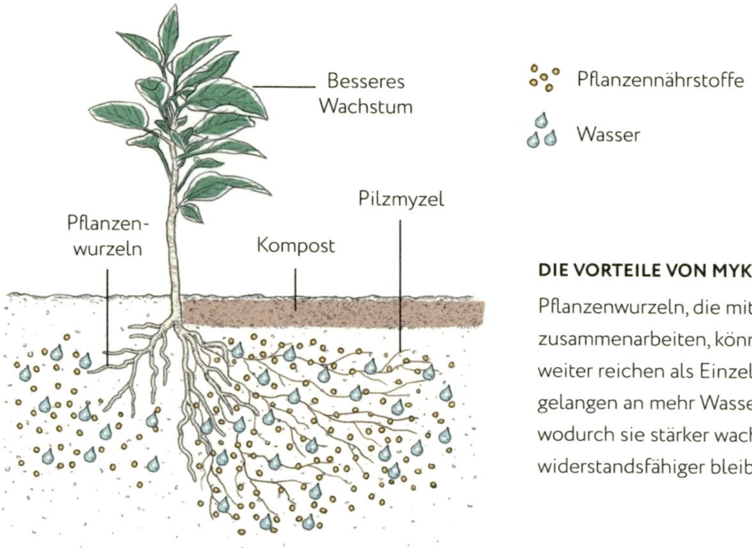

DIE VORTEILE VON MYKORRHIZAPILZEN

Pflanzenwurzeln, die mit Pilzmyzelien zusammenarbeiten, können wesentlich weiter reichen als Einzelkämpfer. Sie gelangen an mehr Wasser und Nährstoffe, wodurch sie stärker wachsen und auch widerstandsfähiger bleiben.

KOMPOST KONTRA CHEMIE

Zu einer guten Pflanzenernährung gehört viel mehr, als nur die Wurzeln mit Nährstoffen zu überschwemmen. Wie wir bereits gesehen haben, handelt es sich um einen komplexen biologischen Prozess. Kompost kann einen wesentlich proaktiveren und gesünderen Beitrag dazu leisten als synthetischer Dünger.

Kompost ist kein Dünger

Ein Dünger ist jede natürliche oder künstliche Substanz, die dem Boden hinzugefügt wird, um Pflanzen mit Nährstoffen wie Stickstoff (N), Phosphor (P) und Kalium (K) zu versorgen. Obwohl Kompost Nährstoffe in geringerer Konzentration als Dünger enthält, ermöglicht er Pflanzen, bereits vorhandene Nährstoffe aufzunehmen, indem er den Mikrobenanteil im Boden erhöht. Das Schöne für Gartenbesitzer ist, dass das alles so einfach ist: Die Pflanzen werden konstant mit Nährstoffen versorgt und holen sich, was sie brauchen und wann sie es brauchen. Indem man diese natürlichen Vorgänge fördert, erspart man sich beim Düngen das ganze Rätselraten darüber, was das richtige Maß an Nährstoffen ist und wann man sie den Pflanzen zuführt.

Dünger beeinträchtigen das mikrobielle Bodenleben, denn wenn leicht verfügbare Nährstoffe in hoher Dosierung vorhanden sind, brauchen die Wurzeln keine Nährflüssigkeiten mehr für Bodenbakterien und -pilze abzusondern. Dadurch aber werden sie immer mehr von Düngern abhängig. Untersuchungen an Weizenkulturen haben gezeigt, dass anorganische Dünger sowohl den Artenreichtum als auch die Vielfalt der Bakterien in der Umgebung der Wurzeln verringern, sodass letztlich weniger nützliche Bakterien vorhanden sind, die das Pflanzenwachstum fördern.

Nährstoffverlust durch Auswaschung vermeiden

Dünger versorgen Pflanzen mit wasserlöslichen Nährstoffen, damit die Wurzeln sie schnell aufnehmen. Das bedeutet aber auch, dass sie durch Regen oder Bewässerung rasch ausgewaschen werden und dorthin gelangen, wo sie von den Wurzeln nicht mehr absorbiert werden können, und Gewässer verschmutzen. Nährstoffe im Kompost sind in komplexerer, nicht löslicher Form vorhanden. Sie müssen zuerst von Mikroben aufgespalten werden, damit Pflanzen sie nutzen können. Daher werden sie nicht so leicht ausgewaschen. Ich mulche meine Beete jeden November mit 2–3cm Kompost. Das lässt meine Pflanzen bis zum nächsten Herbst prächtig gedeihen.

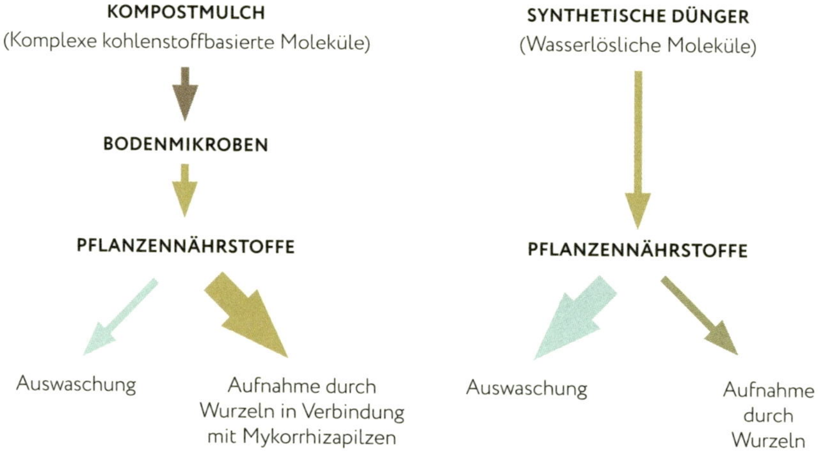

NÄHRSTOFFRETENTION IM BODEN

Nährstoffe im Kompost werden nach und nach abgegeben, wenn Mikroben die organische Substanz zersetzen. Dünger dagegen liefern sofort verfügbare Nährstoffe, die bald ausgewaschen werden.

BODENSTRUKTUR AUFBAUEN

Wird Kompost dem Erdreich ohne Umgraben zugeführt, fördert das die Aktivität von Bodenlebewesen und eine gesunde, stabile Struktur. Das hat viele Vorteile: Es erhöht den Anteil lebender Organismen im Boden, belüftet ihn, macht ihn durchlässiger und bietet Wurzeln Halt.

Ein Klebstoff namens Glomalin

Fördert man das Wachstum von Mykorrhizapilzen im Boden, tut man damit womöglich nicht nur Wurzeln auf der Suche nach Nährstoffen und Feuchtigkeit Gutes. 1996 entdeckte die Wissenschaftlerin Sarah Wright ein Glykoprotein, »Glomalin« genannt. Das von den Zellwänden von Mykorrhizapilzen erzeugte Eiweiß festigt eventuell die Pilzfäden und ermöglicht den Transport von Wasser in ihnen. Wenn die Myzelien absterben, geben sie diese klebrige Substanz an den Boden ab, was unter Umständen die Bildung von »Aggregaten« aus Bodenpartikeln und organischer Substanz begünstigt.

Eine stabile Struktur hilft Pflanzen

Weil Glomalin zäh und wasserunlöslich ist, sind die Aggregate in nicht umgegrabenen Böden stabil. Es entsteht eine feste Krümelstruktur, die Nährstoffe hält und gut für das Bodenleben, die Pflanzen und uns Menschen ist. Zwischen den ungleichmäßig großen Aggregaten bilden sich Zwischenräume, Poren genannt, die Luft und Wasser halten und zugleich passieren lassen. Zudem bieten sie Wurzelwachstum einen Raum und vielleicht auch Mikroben und anderen Bodenorganismen.

Jede Bodenkultivierung bricht Aggregate auf und ist ein Eingriff in die komplexe Bodenstruktur. Früher hieß es, dass Böden gelockert werden müssen, damit Pflanzen darin wurzeln können, aber das ist nicht der Fall. Ein Umgraben beeinträchtigt das Bodenleben einschließlich der Mykorrhiza, macht das Erdreich anfälliger für Erosion und bringt für die Wasserdurchlässigkeit überhaupt nichts.

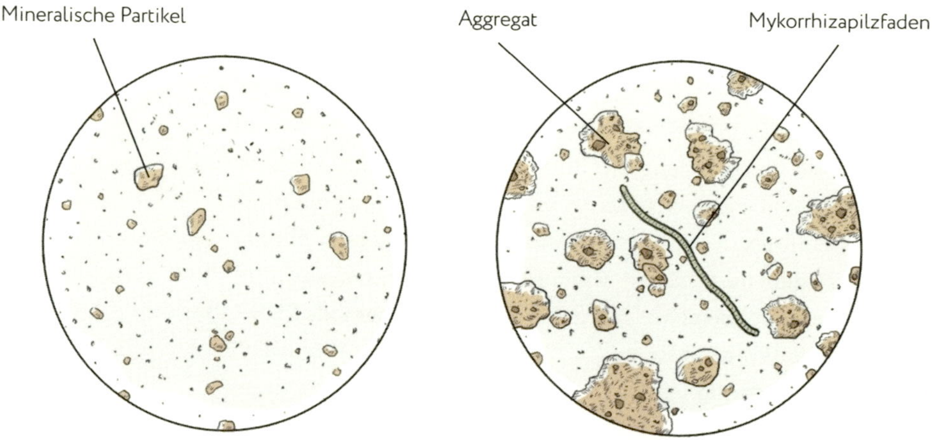

UMGEGRABENER BODEN **NICHT UMGEGRABENER BODEN**

MEHR AGGREGATBILDUNG IN NO-DIG-BÖDEN

Bei 400-facher Vergrößerung unterscheiden sich Proben aus umgegrabenen und nicht umgegrabenen (No-Dig-)Böden beträchtlich. No-Dig-Böden enthalten größere Aggregate, während umgegrabene überwiegend aus kleineren Mineralpartikeln bestehen, selbst wenn beiden gleich viel Kompost hinzugefügt wird.

FALSCHE MYTHEN ENTLARVT

NO DIG BRAUCHT NICHT MEHR KOMPOST

Weil ich mich so für die Verwendung von Kompost einsetze, glauben viele, dass nicht umgegrabene Beete mehr Kompost bräuchten als umgegrabene. Aber das ist nicht der Fall. Meine Versuche haben gezeigt: Wenn beide die gleiche Menge Kompost bekommen, werfen die nicht umgegrabenen Beete eine größere Ernte ab.

Im direkten Vergleich

Seit elf Jahren bekommen bei mir zwei benachbarte, 1,5x5m große Beete die gleiche Menge Kompost und werden mit den gleichen Gemüsepflanzen besetzt. Der einzige Unterschied zwischen ihnen besteht darin, dass ich den Kompost bei einem Beet einarbeite und ihn beim anderen nach der No-Dig-Methode lediglich auf die Oberfläche auftrage. Jedes Jahr wiege ich die Ernte (siehe S. 30) und halte das Ergebnis fest. In elf Jahren hat das umgegrabene Beet 1032kg und das No-Dig-Beet 1169kg Ertrag geliefert. Das ist bei der gleichen Menge Kompost ein ziemlicher Unterschied! Er zeigt, dass man bei der No-Dig-Methode mit weniger Fläche und entsprechend weniger Kompost auskommt.

Ein anfänglicher Boden-Booster

Zur Verwirrung beigetragen haben könnte, dass ich No-Dig-Beeten beim Anlegen eine 10–15cm dicke Dosis Kompost verpasse. Das ist allerdings ein einmaliger Booster, denn danach mulche ich sie nur noch mit einer bescheidenen 2–3cm dicken Schicht, was meiner traditionellen Kompoststrategie entspricht.

Diese Erstinvestition ist kein Muss, aber sie lohnt sich, weil sie die Wuchsbedingungen fast umgehend verbessert, was sich jahrelang nicht ändert, wenn sich die organische Substanz zersetzt und das Bodenleben fördert (siehe S. 19–21). Damit hebt man das Gärtnern rasch auf ein neues Niveau, denn es muss weniger gejätet werden, der Boden speichert Feuchtigkeit besser und wird durchlässiger. Im Lauf der Jahre habe ich zudem festgestellt, dass hochgezüchtetes Gemüse anspruchsvoll ist. Will man gute Ergebnisse erzielen, zahlt es sich aus, mehr organische Substanz auf den Boden zu bringen, um optimale Bedingungen zu schaffen.

ERTRÄGE AUS VERSUCHSBEETEN

Jedes Jahr bepflanze ich sie zweimal, einmal im Frühjahr und einmal im Früh- oder Hochsommer. Ich wiege den Ertrag und halte das Ergebnis fest. Beide Beete bekommen die gleiche Menge Kompost. Aber das No-Dig-Beet ist durchweg ertragreicher.

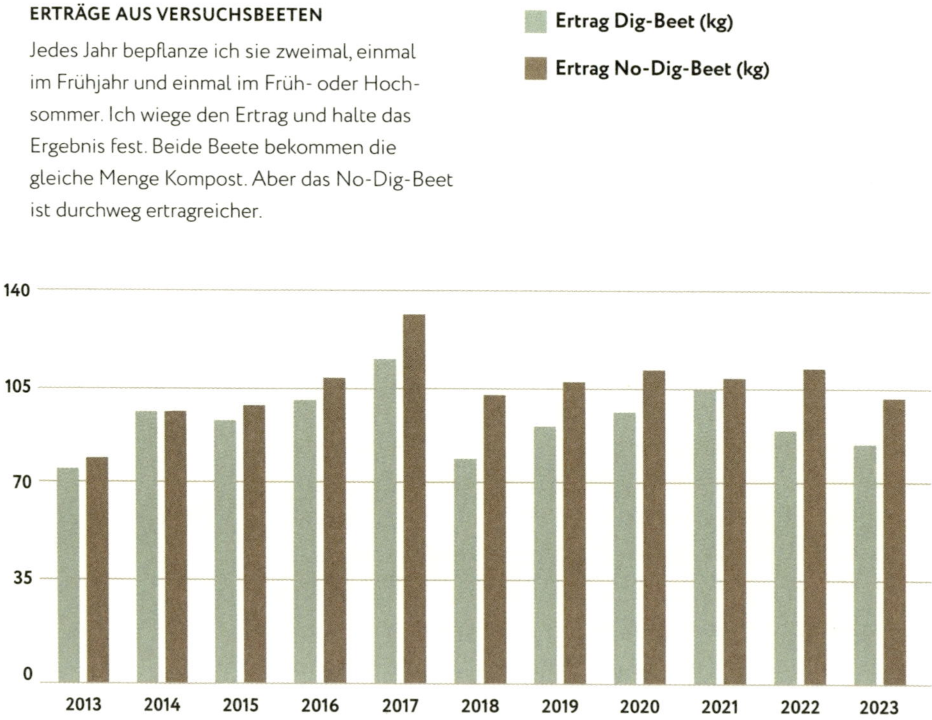

MULCHEN UND NO DIG UNTERDRÜCKEN UNKRAUT

Pflanzen, die von Gartenbesitzern als Unkraut angesehen werden, sind genetisch darauf programmiert, nackte Erde im Nu zu besiedeln. Ihre hartnäckigen Wurzeln binden umgegrabenen Boden und sorgen dafür, dass er »heilt«. Mulcht man mit Kompost und gräbt nicht um, bricht man diesen Kreislauf auf, sodass weniger Unkraut wächst.

Weniger Unkraut durch kombinierte Maßnahmen

Schon eine 2–3cm dicke Mulchschicht aus Kompost senkt den Unkrautbefall eines No-Dig-Beets beträchtlich, wie ich festgestellt habe. Ich empfehle beim Anlegen eine erste, 10–15cm dicke Schicht unter anderem deshalb, weil man damit bestehenden Unkräutern das Licht nimmt, was sie praktisch abtötet. Aber die dünne Schicht in den Jahren danach reicht eigentlich nicht aus, um die gleiche Wirkung zu erzielen. Möglicherweise kurbelt Kompost die Mikrobenpopulationen im Boden so stark an, dass das zur Unterdrückung von Unkraut beiträgt. Untersuchungen zufolge hemmen auch Mykorrhizapilze (siehe S. 24) die Ausbreitung aggressiver Ackerunkräuter. Ansonsten ist der Einfluss des Mikrobioms im Boden auf die Unkrautkeimung allerdings noch größtenteils unerforscht.

Fest steht dagegen, dass weniger Unkrautsamen keimen, wenn der Boden dank der No-Dig-Strategie nicht umgegraben wird. Der Grund: Im Erdreich schlummern Samen, die sofort die Chance zum Keimen nutzen, wenn sie an die Oberfläche gelangen. Gräbt man nicht um, können sie auch nicht austreiben!

Gutes Gärtnern ist nach wie vor das A und O

Selbst wenn man das No-Dig-Gärtnern praktiziert, muss man mit Unkraut rechnen: Die Samen können vom Wind herangetragen werden oder sich im Kompost verstecken. Deshalb sollte man immer auch gut jäten. Wer auf der Hut bleibt und wenig, aber oft jätet, fängt selbst kleinste Pflänzchen ab, bevor sie sich aussäen und verbreiten können. So verhindern Sie, dass sie sich vervielfachen und dann kaum noch kontrollieren lassen.

Unkraut hält man, ohne den Boden groß zu stören, am besten dadurch in Schach, dass man nach den winzigen Keimblättern Ausschau hält, die sich bei der Keimung bilden. Sobald man sie erspäht, zieht man eine Hacke mit scharfer Klinge knapp unter der Oberfläche durch die Erde, damit die Unkrautwurzeln durchtrennt werden. Wird das an einem trockenen, sonnigen Tag erledigt, welken die Sämlinge rasch und sterben ab. Größere Unkräuter und insbesondere mehrjährige Arten treiben aus langen, dicken Wurzeln aus. Sie können mit einer Handgabel oder -schaufel einzeln ausgegraben werden. Lassen sich tief in den Boden reichende Wurzeln nicht so einfach herausholen, entfernt man immer sofort die neuen Triebe, sobald sie aus der Erde spitzen, sodass sie keine Zeit haben, Blätter zu bilden, die die Wurzeln mit Energie versorgen.

» Unkrautwurzeln lassen sich aus dem weichen, krümeligen Kompost eines No-Dig-Beets viel leichter herausholen als aus klebriger Erde. «

MULCHMATERIAL AUS DEM HANDEL

Es spricht nichts dagegen, die eigene Kompostproduktion mit zugekauftem Kompost zu ergänzen. Gerade wenn man einen Garten neu anlegt, kann das sinnvoll sein. Ich nutze handelsübliche Substrate zum Mulchen und als Vermehrungserde.

Mulchmaterial

Idealer Mulchkompost hat in der Regel eine relativ grobe Textur und enthält viel organische Substanz, allerdings einen ungleichmäßigen Gehalt an Nährstoffen und Mikroben. Achten Sie außerdem auf Verunreinigungen, etwa durch Plastik oder Glas. Nicht verwenden sollte man Kompost, der noch warm ist, denn in ihm läuft der Zersetzungsprozess ab, weshalb er noch nicht eingesetzt werden kann. Oft ist das der Fall bei Material, das man sich aus örtlichen Kompostieranlagen holt.

Verunreinigung durch Herbizide in Stallmist

Amino- und Clopyralid sind Herbizide, mit denen man bisweilen Gras behandelt, das als Heu für die Fütterung von Pferden Verwendung findet. Es zersetzt sich beim Kompostieren nicht und kann Gartenpflanzen schädigen, wenn Kompost damit kontaminiert ist. Sie können Ihren Kompost auf Pyralide testen, indem Sie Dicke Bohnen in kleine Töpfe mit etwas Kompost säen. Bei starker Verunreinigung treiben die Samen nicht aus, bei schwacher wachsen sie unzureichend oder bilden nach innen gerollte Blätter.

MULCH	BESCHREIBUNG	POSITIV	NEGATIV
KOMPOST AUS GRÜNABFÄLLEN	Überwiegend Abfälle aus Hausgärten, zerkleinert und in riesigen Haufen schnellkompostiert	Preiswert, unkrautfrei, leicht verfügbar	Wenig mikrobielles Leben, enthält nicht viele Nährstoffe, oft durchsetzt mit Plastikresten
PILZKOMPOST	Verbrauchtes Substrat aus der Pilzzucht, hergestellt aus Stroh, Stallmist und geringen Mengen Kalk sowie Torf	Guter Nährstoffgehalt, unkrautfrei, enthält Mikroben, angenehm in der Verwendung, etwa neutraler pH-Wert	Höherer Preis, mögliche Kontamination durch Antibiotika
DUNG	Ausscheidungen von Pferden oder Kühen, in der Regel durchsetzt mit Einstreu wie Stroh oder Hackschnitzel; vor Verwendung kompostieren, um Nährstoffauswaschung zu verhindern	Guter Nährstoffgehalt, enthält mikrobielles Leben, wo leicht verfügbar, oft preiswert	Enthält möglicherweise Verunreinigungen wie Plastik, Glas, Antibiotika oder Herbizide (siehe gegenüber)
BIODIGESTATE (GÄRRESTE)	Kein Kompost, aber pflanzliche oder tierische Reste, die durch anaerobe Gärung umgewandelt wurden; mit Vorsicht einzusetzen	Unkrautfrei	Geringer Gehalt an Mikroben, zersetzt sich auf der Bodenoberfläche nicht; lockt Schnecken an

SO KANN KOMPOST AUCH VERWENDET WERDEN

Selbst angesetzter Kompost lässt sich auch bei der Vermehrung in kleinen Töpfen oder Topfplatten einsetzen. Wichtig ist dabei eine feinkrümelige Textur, weshalb er gut verrottet sein muss und nicht zu feucht sein darf. Ideal ist 8–12 Monate alter Kompost mit gleichmäßig krümeliger Struktur.

Aussäen und Umtopfen

Selbst gemachter Kompost ist ein ideales Substrat für Aussaaten und Jungpflanzen, vor allem, weil die Qualität vieler handelsüblicher Substrate so stark nachgelassen hat, seit die Hersteller sich abmühen, beständig gute Alternativen zu Torf zu finden. Ich kombiniere derzeit sehr erfolgreich etwa 1 Teil selbst angesetzten Kompost mit 1 Teil gekaufter Universalerde (von renommierten Herstellern, deren Substrat dicht und nährstoffreich ist). Wenn ich kleine Samen aussäe, füge ich eventuell 1 Teil gesiebte, kompostierte Hackschnitzel, Sand, Vermiculit oder Perlit hinzu.

Manche befürchten, dass Samen in Kompost nicht gut aufgehen, weil er zu viele Nährstoffe enthält, doch diese Sorge ist unbegründet. Die Nährstoffe und nützlichen Mikroben in selbst gemachtem Kompost gewährleisten vielmehr, dass Sämlinge kräftig und gesund wachsen, auch in winzigen Modulen oder kleinen Töpfen. Ich finde, man bekommt damit standfeste Jungpflanzen, die manchmal schon nach 2–3 Wochen reif für das Freiland sind.

Ihr Kompost hat möglicherweise eine zu dichte Struktur, sodass in größeren Töpfen der Wasserabzug beeinträchtigt ist. Deshalb macht man ihn am besten mit 10 Prozent fein gesieb-

ten kompostierten Hackschnitzeln, Sand, Vermiculit oder Perlit durchlässiger. Wer mit einem Wurmkomposter arbeitet, kann bis zu 10 Prozent Wurmkompost dazugeben, womit man eine feinere Textur, eine Erhöhung des Nährstoffgehalts und eine höhere Mikrobenaktivität erreicht. Ein Problem können Unkrautsamen im Kompost sein, doch gibt es Maßnahmen, um sie auf ein Minimum zu begrenzen (siehe S. 68–69). Ich zupfe Unkrautsämlinge aus meiner Topferde, sobald ich sie bemerke – ich finde, das geht am schnellsten und einfachsten.

Hochbeete füllen

Bei der Anlage eines neuen Beets drückt man den Kompost an, vor allem, wenn es trocken ist, damit die Wurzeln guten Halt finden. Es heißt oft, Hochbeete sollten nicht ausschließlich mit Kompost gefüllt werden, weil er verrottet und dabei zu viel Volumen verliert. Ich hingegen finde, das ist kein Nachteil, sondern sogar ein Vorteil, denn wenn sich der Kompost setzt, kann ich jedes Jahr einen frischen Posten hinzufügen. Mit der Zeit zersetzt sich der Kompost immer weiter und wird beständig dichter, weshalb er jedes Jahr weniger Volumen verliert.

AUSSAATMISCHUNG

Ein einfacher 1:1:1-Mix aus selbst gemachtem Kompost, Universalerde mit kompostierten Hackschnitzeln, Vermiculit, Perlit oder Sand zur Verbesserung der Durchlässigkeit ist ideal für die Aussaat kleiner Samen.

Selbst angesetzter Kompost

Zugekaufte Universalerde

Gesiebte, kompostierte Hackschnitzel oder Vermiculit/ Perlit/Sand

IDEALE TOPFERDE

Braucht man eine ganz normale Topferde, ist eine Mischung aus selbst angesetztem Kompost und Hackschnitzeln empfehlenswert. Wurmkompost verbessert den Nährstoffgehalt und die Struktur.

Gesiebte, kompostierte Hackschnitzel

Wurmkompost (falls verfügbar)

Selbst gemachter Kompost

Kapitel 2

So funktioniert Kompostieren

DIE BASICS

Wirft man Materialien gut gemischt in den Komposter, beschleunigt das den natürlichen Zersetzungsprozess, sodass die organische Substanz schnell und gleichmäßig verrottet. Um souverän zu kompostieren, brauchen Sie nicht mehr als ein grundlegendes Verständnis dafür, wie es funktioniert.

Günstige Bedingungen für den Kompostiervorgang

Ein produktiver Komposthaufen lebt von seinem eigenen Ökosystem. Nach dem Anlegen stellen sich bald Organismen ein, um sich von der organischen Substanz zu ernähren, angefangen von mikroskopisch kleinen Bakterien und Pilzen bis hin zu Würmern und Asseln. Um Garten- und Küchenabfälle in Kompost zu verwandeln, brauchen sie Lebensbedingungen, unter denen sie gedeihen und sich vermehren können. Wer erfolgreich kompostieren will, muss ihnen diese Bedingungen bieten.

Mikroben und andere an der Kompostierung beteiligte Organismen brauchen dreierlei: Nahrung, Luft und Feuchtigkeit. Gutes Kompostieren heißt, ihnen diese drei in einem ausgewogenen Verhältnis anzubieten. Halten Sie die Bedingungen im Haufen stabil, indem Sie ihn mit einer Mischung aus stickstoffreichem und oft feuchtem »grünem« Material als Nahrung für die Bakterien und trockenerem, stärker faserigem »braunem« Material für die Pilze und zur Belüftung des Haufens beschicken (siehe S. 64–65).

Anzeichen erfolgreicher Kompostierung

Ein klarer Hinweis darauf, dass der Kompostiervorgang läuft, ist die Abnahme des Volumens im Haufen. Der Inhalt kann rapide und ziemlich stark schrumpfen, nachdem man große Mengen an grünem und braunem Material hinzugefügt hat. Der Grund: Die Destruenten, in erster Linie Bakterien, bauen die Fasern der pflanzlichen Materialien ab, sodass diese in sich zusammenfallen.

Durch die Stoffwechselaktivität der Bakterien, die Nahrung in Energie umwandeln, entsteht Hitze. Größere Haufen enthalten mehr Bakterien, weshalb in ihnen höhere Temperaturen entstehen, doch auch kleine Haufen erwärmen sich merklich, nachdem man ihnen frisches Material hinzugefügt hat. An einem kühlen Morgen kann man Wasserdampf aus einem Haufen aufsteigen sehen, doch lässt sich die Wärme auch mit der Hand erfühlen. Wer es genau wissen will, schafft sich ein Kompostthermometer an (siehe S. 128).

Wenn Sie ein Loch in einen Haufen graben, werden Sie sehen, dass das Material dort, wo der Zersetzungsvorgang abläuft, dunkler und homogener ist. Mitunter sind auch dünne weiße Fäden zu erkennen – Anzeichen für Pilz- und Bakterienwachstum. Nach einiger Zeit finden sich im Haufen außerdem Kompostwürmer ein, die darauf hindeuten, dass der Kompost fertig ist (siehe S. 85–86).

» Das Volumen des Haufens schrumpft oft sehr schnell, nachdem man große Mengen an grünem und braunem Material hinzugefügt hat. «

DIE WISSENSCHAFT DES KOMPOSTIERENS

Sieht man sich genauer an, was in einem Komposthaufen abläuft, erkennt man, dass mit fortschreitender Kompostierung unterschiedliche Organismen vorherrschen. Diese Unterschiede sind auf wechselnde Temperaturen und Nahrungsquellen zurückzuführen. Wer die Abläufe kennt, kann die Zersetzung besser steuern.

Warum soll man die bakterielle Zersetzung fördern?

Bakterien sind winzige Einzeller, die überall in der Natur und in unseren Körpern vorkommen. Auch in Komposthaufen sind sie überaus aktiv. Wir können ihnen dort Bedingungen bieten, die ihnen helfen, den Zersetzungsprozess zu beschleunigen. Bakterien fressen und vermehren sich äußerst schnell. Selbst wenn man einen Komposthaufen frisch anlegt, ist die Zersetzung schon nach Stunden voll am Laufen, sofern man ordentliche Mengen an zerkleinerter organischer Substanz dazugibt, die zudem mindestens 50 Prozent stickstoffreiches grünes Material enthält, denn das »schmeckt« Bakterien. Das beste Beispiel dafür ist Grasschnitt.

Die Wärme, die Bakterien freisetzen, trägt zusätzlich dazu bei, weiches Material aufzuspalten und die Zersetzung zu beschleunigen. Sie hat obendrein den Vorteil, dass sie bei Temperaturen über 55°C Unkrautsamen und Krankheitserreger abtötet. Die schnelle bakterielle Zersetzung ist die erste Phase eines Prozesses, der binnen 4–9 Monaten fertigen Kompost liefert, sodass man weitere organische Substanz hinzufügen kann und im Handumdrehen hochwertige Nahrung für das Bodenleben erhält.

Der Beitrag von Pilzen

Die meisten Pilze sind Mehrzeller und spalten organische Substanzen langsamer auf als Bakterien. Komposter, die nur mit geringen Mengen Material beschickt werden oder überwiegend kohlenstoffhaltige, also »braune« Substanzen enthalten, fördern kein starkes Bakterienwachstum, sondern brauchen Pilze, die den Inhalt langsamer zersetzen. Pilze können Nährstoffe in holzigem Material und braunem Herbstlaub anzapfen, indem sie Enzyme produzieren, die Lignin und Cellulose aufspalten. Bei diesem zeitraubenden Prozess wird keine Wärme generiert, dafür herrlich reichhaltiger Kompost. Durch die Zersetzungsaktivität von Pilzen entsteht auch Laubhumus und die halb verrotteten Hackschnitzel, die ich als Mulchmaterial für Wege schätze (siehe S. 124).

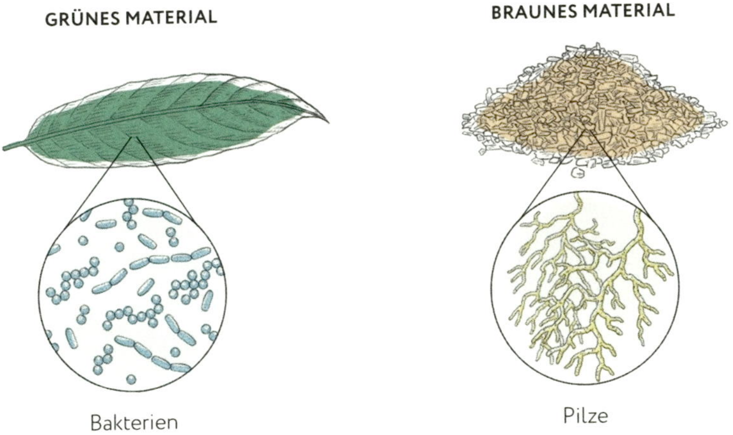

AN DER ZERSETZUNG BETEILIGTE MIKROORGANISMEN

Bakterien brauchen stickstoffreiche Nahrung in Form »grüner« kompostierbarer Substanzen. Pilze können hartes, kohlenstoffhaltiges »braunes« Material zersetzen.

KOMPOSTIERPHASEN

Der Zersetzungsvorgang läuft nicht gleichförmig ab, sondern vollzieht sich in der Regel in mehreren Phasen. Sie sind gekennzeichnet durch Temperaturwechsel und die Aktivität verschiedener Destruenten.

1. Initialphase (mesophile Phase) – mehrere Tage

Wenn dem Komposter ausreichende Mengen grüner Substanz hinzugefügt werden, vermehren sich Bakterien rasch. Ihre Aktivität erhöht die Temperatur im Haufen. Anfangs sind psychrophile, also kälteliebende Bakterien aktiv, dann kommen mesophile (wärmeliebende) Bakterien ins Spiel, die pflanzliche Stoffe zersetzen. Die Temperaturen erreichen bei Ersteren rund 13°C, bei Letzteren 40°C.

Diese Grafik veranschaulicht die Temperaturschwankungen und Veränderung mikrobieller Aktivität während der Zersetzungsphasen.

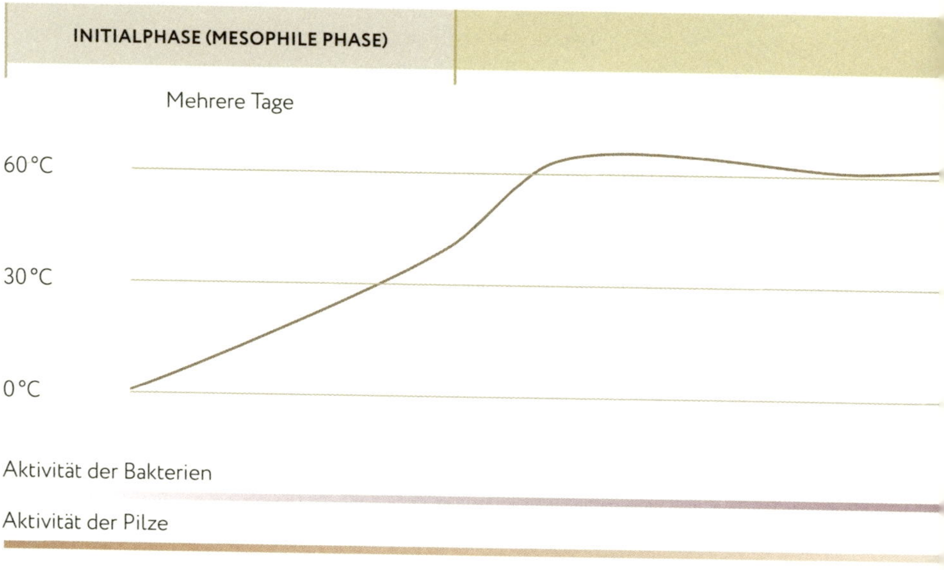

2. Heiße (thermophile) Phase – je nach hinzugefügtem Material bis zu 2 Monate

In einem aktiven Haufen findet ein bakterieller Stoffwechsel statt, der ausreicht, die Temperaturen auf mehr als 40°C hochzutreiben. Dadurch entstehen Bedingungen, in denen sich thermophile, also wärmeliebende Bakterien rasch vermehren. Es beginnt die »heiße Phase« des Kompostierungsprozesses, bei der ein Haufen 55–70°C warm wird – sie wird auch Heißrotte genannt. Diese hohen Temperaturen reichen aus, Unkrautsamen abzutöten. Unmengen thermophiler Bakterien zersetzen rasch die restlichen grünen Substanzen, wodurch das Volumen des Haufens schrumpft. Die generierte Hitze hält jedoch nur wenige Tage an, sofern der Haufen nicht sehr groß ist oder regelmäßig frisches grünes Material hinzugefügt wird, um die bakterielle Aktivität am Laufen zu halten.

HEISSE (THERMOPHILE) PHASE

Bis zu 2 Monate

3. Abkühlungsphase – 1–2 Monate

Nach dem Absinken der Temperatur setzen mesophile Bakterien den Zersetzungsvorgang fort. Auch Pilze stoßen nun hinzu, um sich vom verbliebenen faserigen und holzigen Material zu ernähren. Der Haufen schrumpft weiterhin, aber nicht mehr so schnell wie während der heißen Phase.

Enthält ein Komposter überwiegend holziges Material, findet die Zersetzung vorwiegend in dieser Phase erhöhter Pilzaktivität statt. Holziges Material wird zu hochwertigem Kompost umgewandelt, doch geschieht dies langsamer und ohne die Hitze, die thermophile Bakterien erzeugen. Deshalb kann es vorkommen, dass Unkrautsamen überleben. Ist viel sperriges braunes Material enthalten, reduziert sich das Volumen nicht so stark wie in Haufen mit starker bakterieller Zersetzungsaktivität.

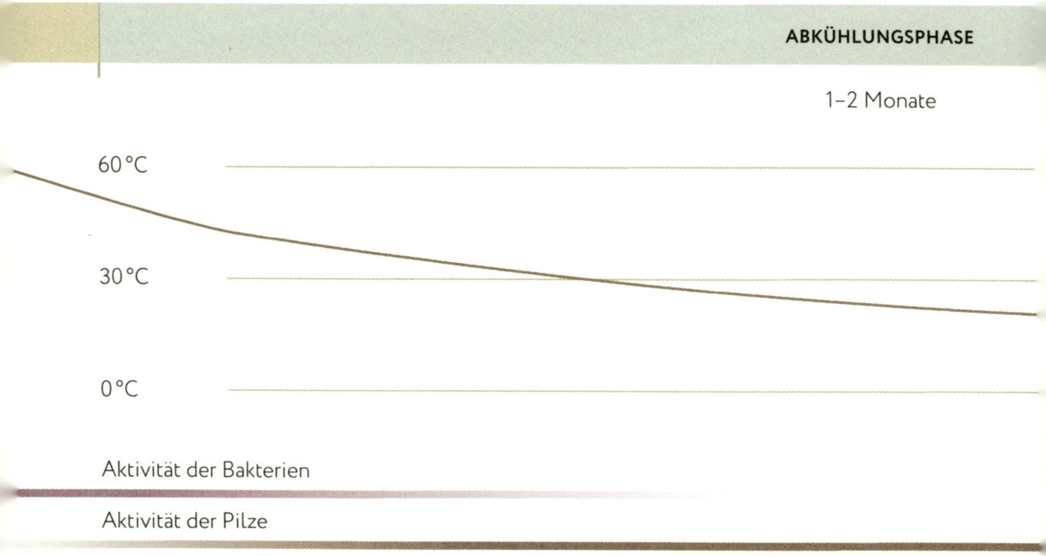

4. Wiedererwärmung – 1 Monat

Wer den Komposthaufen wenden kann (siehe S. 83–84), sollte das zum Ende der Abkühlungsphase hin tun. Oft ist das Material in dieser Phase noch etwas warm bei Temperaturen um 30–35°C, allerdings kommt es zu erhöhter Pilzaktivität. Außerdem stellen sich einige Würmer ein, die sich von Material am Haufenrand ernähren, wo es kühler ist.

Durch Wenden des Haufens und überhaupt jedes Bewegen oder Durchmischen des Materials gelangt Sauerstoff hinein, sodass für die Bakterien neue Nahrung verfügbar wird. Diese erhöhte Aktivität kann in größeren Haufen zu einem erneuten Temperaturanstieg auf etwa 60°C führen, was dazu beiträgt, dass alle Materialien gleichmäßiger kompostiert werden.

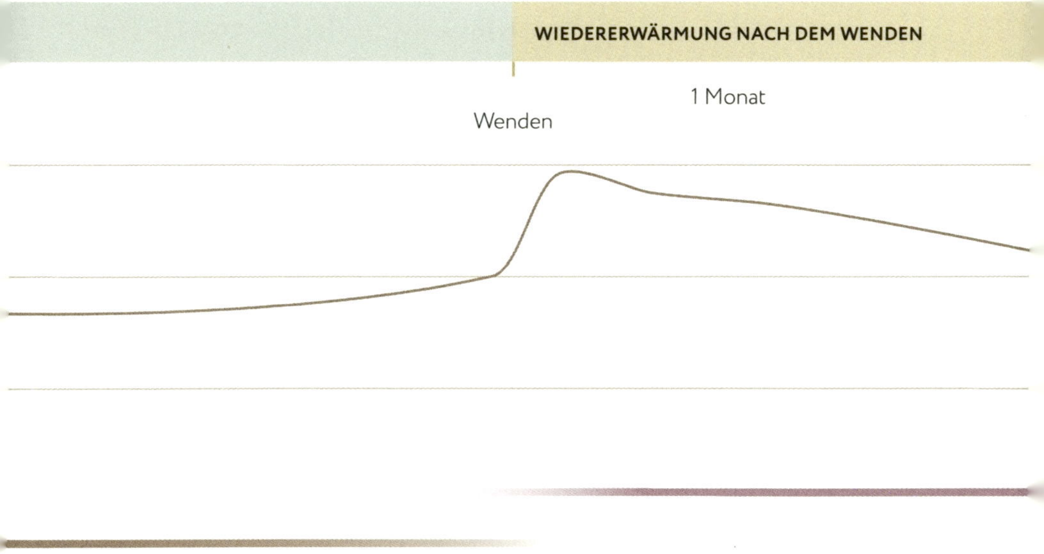

5. Reifephase (Nachrotte) – 1–2 Monate

Sobald Pilze die Kompostmasse besiedeln, verliert sie Wärme und zieht zahlreiche Wirbellose an, die sich rasch darin vermehren. Kompostwürmer (*Eisenia fetida*) ernähren sich mit Vorliebe von der teilweise zersetzten organischen Substanz und kommen in dieser Phase oft in großer Zahl vor. Auch Landasseln (*Oniscidea*) trifft man nun an – sie ernähren sich von zersetzendem holzigem Material. Während dieser Reifephase, auch Nachrotte genannt, läuft die Zersetzung langsamer ab, sodass der Haufen nun auch nicht mehr so viel Volumen verliert. Die letzte Phase hat keinen Endpunkt – dieser ist im Prinzip erst erreicht, wenn Sie sich entscheiden, den Kompost zu verwenden, der dabei nicht perfekt aussehen muss (siehe S. 85–86).

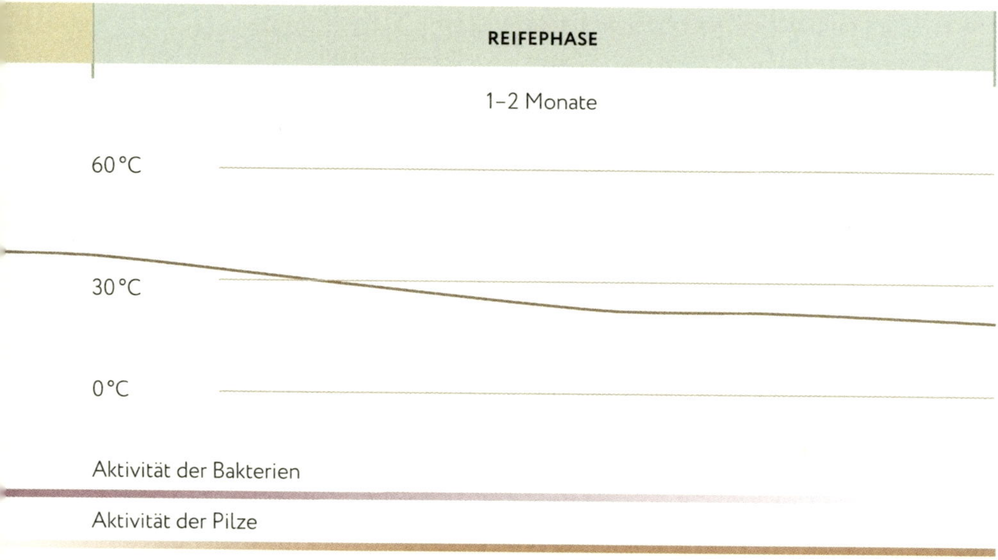

FALSCHE MYTHEN ENTLARVT
WÜRMER SIND NICHT UNERLÄSSLICH

In Gärten kommen viele Wurmarten mit jeweils eigener Ernährung und Lebensweise vor. Das sorgt mitunter für Verwirrung. Manchmal werden Kompostwürmer sogar für Regenwürmer gehalten!

Nicht nur Destruenten

Rechnen Sie im Komposter nicht mit dem Gemeinen Regenwurm (*Lumbricus terrestris*). Er gräbt sich ins Erdreich und kommt nachts an die Oberfläche, um organische Substanzen nach unten zu ziehen und sich davon zu ernähren. Der Kompostwurm (*Eisenia fetida*) ist kleiner und röter. Er lebt in und ernährt sich von zersetzender organischer Substanz in der Laubstreu auf der Bodenoberfläche, pflanzlichen Abfällen, abgekühlten Kompostern oder Wurmkompostern, wo er sich schnell vermehren kann.

In feuchten Komposthaufen sind Kompostwürmer in großer Zahl zu finden, doch gibt es dort noch jede Menge nicht sichtbarer Helfer, die ebenfalls nach Kräften zersetzen. Bakterien, Pilze und andere Mikroben erledigen sogar überwiegend die Arbeit. Es entsteht also durchaus guter Kompost ohne Würmer, sodass man sich keine Sorgen zu machen braucht, wenn sie nicht mitmischen. Und zukaufen muss man sie schon gar nicht.

Würmer kommen und gehen

Bakterielle Aktivität in Kompostern (siehe S. 44) treibt die Temperaturen in Höhen, die Kompostwürmer nicht vertragen. Wird es wärmer als 26°C, verziehen sie sich in die seitlichen und unteren Randbereiche oder sogar in den Boden und kehren erst zurück, wenn der Haufen sich wieder abgekühlt hat.

VIELE MITESSER, VIEL ZERSETZUNG

Mikroben sind die Speerspitze der Zersetzung, doch ist in Kompostern noch eine unglaubliche Vielzahl komplexerer Organismen am Werk. Sie zersetzen und spalten organische Substanzen auf, verschonen sich aber auch gegenseitig nicht.

Viele Mitwirkende

Organismen, die sich von frischen (erst kurz zuvor abgestorbenen) organischen Substanzen ernähren, werden als Primärkonsumenten bezeichnet. Sie sind in allen Kompostierphasen am Werk, sofern sie geeignete Nahrung vorfinden. Zu ihnen zählen Bakterien und Pilze, aber auch mikroskopisch kleine Fadenwürmer, Milben, Asseln und Tausendfüßer. Eine nützliche Rolle spielen ferner Schnecken, denn die meisten Arten ernähren sich von totem Pflanzenmaterial im Komposter und nicht so sehr von gesunden Gartengewächsen. Jede Schnecke, die sich über die verrottende Vegetation im Komposter hermacht, lässt Ihre Gartenpflanzen in Ruhe. Kompostwürmer sind gierige Fresser von teilweise abgebautem Material. Sie stellen sich oft während der Reifephase ein (siehe S. 50) und vermehren sich dann rasch.

Räuber und Beute

Von Primärkonsumenten ernähren sich Sekundärkonsumenten, etwa Springschwänze, Nematoden und manche Käferarten. Tertiärkonsumenten sind größere Wirbellose wie Laufkäfer, Hundertfüßer und Ameisen, die Sekundärkonsumenten verspeisen. Mitunter mischen auch Frösche, Kröten und Mäuse eifrig mit.

AEROBE UND ANAEROBE ZERSETZUNG

Luft ist eine wichtige Zutat in der Kompostmischung, wenn man süß duftenden, krümeligen, angenehm zu handhabenden Kompost bekommen möchte. Eine Zersetzung ist zwar auch ohne Luft möglich, doch die dabei entstehenden üblen Gerüche und schleimigen Stoffe will kaum jemand haben.

Was bewirkt Luft?

Die für die aerobe Zersetzung zuständigen Bakterien brauchen Sauerstoff, um Nahrung in Energie zu verwandeln. Ist Luft vorhanden, zersetzen sie organische Substanz rasch und ohne allzu viele unangenehme Düfte.

Anaerobe Bakterien sind dort zugange, wo wenig oder gar kein Sauerstoff vorhanden ist. Wenn sie sich von organischer Substanz ohne Zutun von Sauerstoff ernähren, entstehen unangenehme Gase wie Schwefelwasserstoff und Ammoniak. Die anaerobe Zersetzung läuft langsamer und unter Bildung übel riechender Stoffe ab. Der dabei entstehende Kompost ist feucht und stinkt faulig.

Ursachen anaerober Bedingungen

Zur anaeroben Zersetzung kommt es in nassen Kompostern. Dabei sickert Wasser in die Zwischenräume zwischen den Materialien und verdrängt die Luft, die aerobe Bakterien für ihr Überleben brauchen. Vorkommen kann das, wenn Regenwasser in nicht abgedeckte Haufen gelangt oder zu viel grünes Material hinzugefügt wird, ohne dass braunes Material die nötige Struktur schafft und überschüssiges Nass absorbiert (siehe S. 72–73). Anaerobe

Bedingungen können im gesamten Haufen oder in bestimmten Bereichen vorkommen. In großen Haufen herrschen oft in der Mitte anaerobe Bedingungen, da die Luft dort durch das Gewicht des Materials herausgepresst wurde. Ein sicheres Anzeichen für anaerobe Bedingungen ist ein sumpfiger, schwefeliger Geruch.

Was kann man gegen stinkenden Kompost tun?

Nehmen Sie eine Handvoll Kompost in die Hand und zerdrücken Sie ihn: Tropft Wasser heraus, ist er zu nass. Abhilfe schafft man am besten durch Wenden des Haufens (siehe S. 83–84). Belüften kann man ihn auch, indem man den Inhalt mit einer Gabel mischt oder einem Aerifizierer (siehe S. 129) bearbeitet. Anaerob entstandener Kompost lässt sich dünn auf den Boden auftragen. Durch den Kontakt mit Luft erfolgt die weitere Zersetzung aerob.

WIE SIE ANAEROBE BEDINGUNGEN VERMEIDEN

Geben Sie nur wenig bis mäßig viel grünes Material auf einmal in den Haufen. Zwischen jeder Lage sollte sich eine Schicht faseriges braunes Material befinden, das die Feuchtigkeit absorbiert und Zwischenräume für Luft schafft.

Verlegen Sie ein Drainagerohr in der Mitte größerer Haufen. Ist er voll, zieht man es heraus, damit Luft hinein- und Gas hinauskann.

Feuchten Sie den Haufen nur an, wenn überwiegend trockenes frisches Material hineingeworfen wurde.

Decken Sie volle Haufen ab, damit während der Zersetzung kein Regenwasser eindringen kann.

FALSCHE MYTHEN ENTLARVT
WÄRME IST KEIN MUSS

Bei der Heißkompostierung entsteht angeblich innerhalb von wenigen Wochen qualitativ hochwertiger, fertiger Kompost. Das stimmt allerdings nicht immer und suggeriert außerdem fälschlicherweise, dass die von den Bakterien während der Zersetzung erzeugte Wärme wesentlicher Bestandteil der Kompostierung sei. Hier die Fakten.

Warum die Temperaturen steigen

Beim Kompostieren entsteht nicht zwangsläufig Wärme, vor allem nicht dann, wenn nicht ausreichende Mengen an grünem Material hinzugefügt werden (siehe S. 72). Kleine Haufen heizen sich nicht so stark auf wie große und halten wegen ihres geringeren Volumens die Wärme auch nicht so lang. Grünes Material enthält Stickstoff, von dem sich wärmebildende Bakterien ernähren. Komposter erwärmen sich im Winter wesentlich weniger stark, weil in dieser Zeit kaum grünes Material anfällt.

Wie schnell soll es gehen?

Hohe Temperaturen begünstigen die Zersetzung. Dennoch gibt es keinen Grund, warum Kompost im Eiltempo entstehen sollte. Thermokomposter (siehe S. 105–107) etwa sind isoliert, damit sie die Wärme halten, was die Kompostierung beschleunigt, kosten aber viel Geld und sind nicht unbedingt nötig. Wurmkomposter wiederum funktionieren, weil Würmer anstelle von Bakterien darin hart arbeiten, und liefern auch ohne Wärme Kompost.

DER EINFLUSS VON WÄRME AUF DEN KOMPOSTIERVORGANG

Kompostierung mit Wärmeentwicklung läuft in der Regel schneller ab, doch auch kühles Kompostieren liefert Ergebnisse.

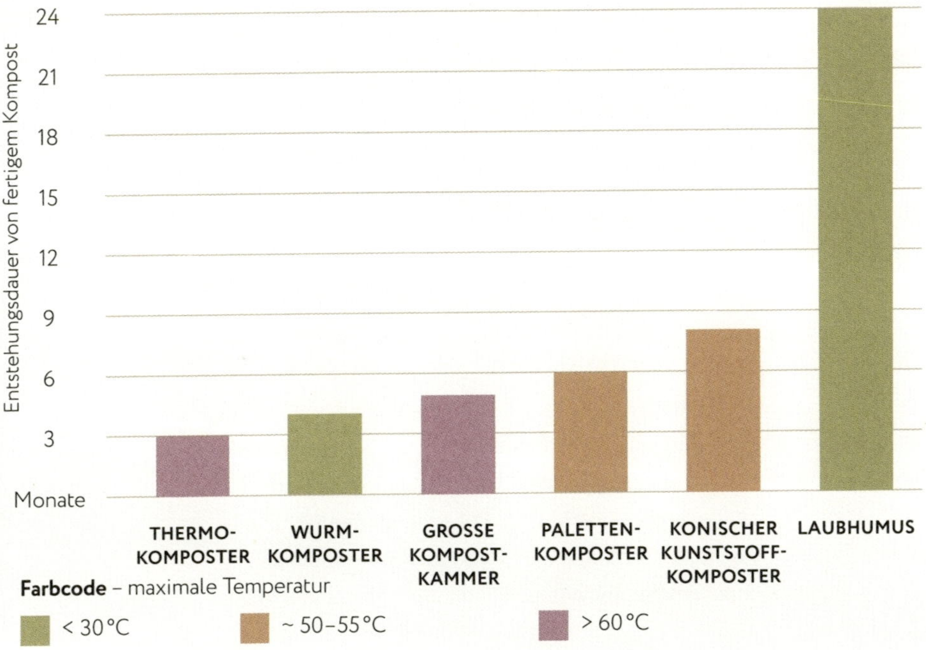

Laubhumus braucht etwa zwei Jahre, bis er fertig ist, und erwärmt sich überhaupt nicht (siehe S. 95). Bei dieser langsamen Methode dominieren Pilze, die Zeit brauchen, um härteres, holzigeres Material zu zersetzen. Das Endprodukt aber ist reich an Pilzen und gut für die Bodengesundheit, weshalb sich das Warten lohnt. Wenn Sie einen kleinen Garten oder nur wenig pflanzliche Abfälle haben, soll Sie das nicht vom Kompostieren abhalten. Es dauert zwar länger, dafür bekommen Sie beste Kompostqualität.

JEDER HAUFEN IST ANDERS

Das Kompostieren ist auch deshalb so interessant und macht so viel Spaß, weil die Ergebnisse jedes Mal anders ausfallen. Ich lerne sogar nach 45 Jahren noch dazu! Mit jedem neuen Haufen kann man experimentieren, um bestmöglichen Kompost zu gewinnen.

Behalten Sie den Feuchtigkeitsgehalt im Auge

Wer einen Komposter im Garten hat, fürchtet den falschen Feuchtigkeitsgehalt mehr als alles andere. Ist das Material zu trocken, zersetzt es sich nicht, ist es zu nass, wird es anaerob und fängt an zu stinken (siehe S. 54–55). Der größte Teil der Feuchtigkeit in einem Haufen stammt vom Wasser, das im Material selbst enthalten ist. Küchenabfälle sind eher feucht, Herbstlaub und holzige Schnittabfälle eher trocken. Auch das Wetter spielt eine Rolle. Hat es viel geregnet, enthalten grüne Blätter und Triebe mehr Wasser als das gleiche Material bei Trockenheit. Man bekommt den gewünschten Feuchtigkeitsgehalt, indem man unterschiedliche Materialien in den Haufen wirft (siehe S. 64–65). Ist es sehr trocken, kann man den Komposter notfalls auch mit einer Gießkanne wässern (siehe S. 77).

Die Menge macht's

Die Materialmenge ist die Variable, die den meisten Einfluss auf die Zersetzungsgeschwindigkeit in einem Komposter hat (siehe S. 56). Wird nur wenig in den Haufen geworfen, läuft die bakterielle Zersetzung langsam ab, selbst wenn man regelmäßig etwas hinzufügt. Der Haufen wird zwar nicht so heiß, aber guter Kompost entsteht dennoch (siehe S. 94–95). Kommen dagegen große Mengen an frischem Material hinzu, vermehren sich auch die Bakterien entsprechend rasch, was die Zersetzung stark beschleunigt. Es lohnt sich, den für die anfallende Menge passend großen Behälter zu haben (siehe S. 92–93), denn ein voller kleiner Komposter liefert schneller fertigen Kompost als ein großer, nur teilweise gefüllter.

Saisonale Schwankungen

Vom Frühjahr bis zum Herbst, wenn die Pflanzen aktiv wachsen und im Garten viel los ist, fällt reichlich grünes Material an, im Winter hingegen in der Regel sehr wenig. Während aber im Frühjahr und Sommer überwiegend grünes Material in den Komposter wandert, steht im Herbst und Winter unverhältnismäßig mehr trockenes braunes Material zur Verfügung (siehe S. 73–75). Um eine ausgewogenere Versorgung des Komposters zu erreichen, sammelt man im Winter braunes Material und gibt es im Sommer mit hinein.

» Bei der Kompostierung spielt die Jahreszeit eine wichtige Rolle. «

Kapitel 3

Was kompostieren und wie?

WAS KOMPOSTIEREN?

Kompostieren lassen sich fast alle Garten- und Küchenabfälle sowie Erzeugnisse pflanzlichen Ursprungs, etwa Papier und Karton. Was aber darf nicht auf den Komposter? Dazu sind viele verwirrende und mitunter auch irreführende Ratschläge in Umlauf.

Kompostieren muss nicht kompliziert sein

Machen Sie es sich nicht unnötig kompliziert: In den Komposter können alle pflanzlichen Abfälle mit Ausnahme von nicht zerkleinertem oder geschreddertem Holz. Unnötig ist es auch, sogenannte »unerwünschte« Materialien herauszusortieren, denn sie sorgen für mehr Volumen, sodass der Kompost bedingt durch die höheren Temperaturen, die bei größeren Mengen entstehen, schneller fertig ist (siehe S. 58).

Auswahl mit gesundem Menschenverstand

Wenn es keinen vernünftigen Grund gibt, warum etwas nicht auf den Komposter wandern darf, werfen Sie es hinein. Ich sehe im Kompostieren von Unkraut, krankem Pflanzenmaterial, Eierschalen und Zitrusschalen (siehe S. 66–71) nur Vorteile. Lediglich synthetisches Material wie Kunststoff darf nicht hinein, denn es wird nicht zersetzt. Auch Plastiketiketten auf Obst und in Papierbändern, Kunststoffteile an Teebeuteln oder Kartonpapier mit Klebebändern gehören nicht hinein.

»Organisch« – was heißt das?

Der Begriff »organisch« bezieht sich auf Material aus einst lebender Materie pflanzlichen oder tierischen Ursprungs. Oft wird damit Abfall beschrieben, der sich zum Kompostieren eignet.

»Organisch« heißt nicht, dass das, was in den Komposter wandert, zwangsläufig »biologisch« angebaut worden sein muss.

Mikroorganismen spalten Toxine auf

Auch Nutz- und Zierpflanzen, die mit den meisten heutigen Pestiziden und Herbiziden behandelt wurden, dürfen meines Erachtens auf den Komposter, ferner Papier und Karton aus industrieller Herstellung, denn die an der Zersetzung beteiligten Mikroben haben die fast magische Fähigkeit, viele toxische Substanzen unschädlich zu machen. Eine wichtige Ausnahme allerdings sind persistierende Pflanzenschutzmittel auf Pyralidbasis (siehe S. 34).

Die Entgiftung von Materialien durch Mikroorganismen wird »Bioremediation« genannt. Ein eindrucksvolles Beispiel dafür ist der Abbau von Rohöl und die Verringerung seiner Toxizität durch ein von Pilzen produziertes Enzym – ein Verfahren, das auf den Mykologen Paul Stamets zurückgeht. Wenn Mikroben sogar Ölreste unschädlich machen können, werden sie kein Problem damit haben, auch geringe Mengen Pestizide oder chemische Rückstände in Haushaltsabfällen zu vernichten. Die zahllosen nützlichen Bakterien und Pilze, die bei der Zersetzung mitmischen, bewirken eine erstaunliche Transformation, selbst in herkömmlichen Gartenkompostern. So können Abfälle nachhaltig verwertet und zu einem wertvollen Endprodukt umgewandelt werden.

» Wenn es keinen vernünftigen Grund gibt, warum etwas nicht auf den Komposter wandern darf, werfen Sie es hinein. «

MATERIALKATEGORIEN

Um guten Kompost zu bekommen, müssen wir die verfügbaren Materialien einschätzen können und wissen, wie wir sie am besten nutzen. Hilfreich ist die Unterscheidung in saftige »grüne« und kohlenstoffreiche »braune« Abfälle, die beide ganz eigene Vorzüge haben und sich unterschiedlich schnell zersetzen.

Grün und Braun unterscheiden

Grüne Materialien sind überwiegend feucht und weich. Sie liefern den Bakterien reichlich Futter und beschleunigen den Zersetzungsvorgang. Braune Materialien sind trockener, setzen sich aus holzigen Stoffen zusammen und sind die ideale Nahrung für Pilze. Sie enthalten Cellulose und Lignin, die holzigen Pflanzen ihre Festigkeit geben. Für Mikroorganismen sind sie schwieriger zu zersetzen, weshalb es auch länger dauert. Ihr Vorhandensein allerdings gewährleistet, dass ein Komposthaufen ausreichend Luft enthält, damit die anaerobe Zersetzung stattfinden (siehe S. 54) und süß riechender Kompost entstehen kann.

Alle kompostierbaren Materialien enthalten sowohl Stickstoff als auch Kohlenstoff. Manche haben zugleich grüne und braune Bestandteile, etwa Kohlstrünke und junges Holz. Um hochwertigen Kompost zu bekommen, ist es entscheidend, den Haufen mit ausgewogenen Anteilen an grünem und braunem Material zu versorgen. Auf S. 72–73 erkläre ich, wie Sie die optimale Mischung finden und warum sie so wichtig ist.

GRÜN

Grünes Laub und weiche Triebe von Zier- und Gemüsepflanzen

Grasschnitt

Unkrautblätter

Schälreste aus der Küche

Zitrusschalen

Kaffeesatz

Frischer Dung von Pflanzenfressern ohne Einstreu

Urin

Menschliches und tierisches Haar

GRÜN/BRAUN

Junger grüner, holziger Schnittabfall von Bäumen und Sträuchern wie Rosen und Heckengehölzen

Heu

Harte grüne Triebe, z. B. von Sonnenblumen

Welke Staudentriebe und -blätter

Frischer Stallmist mit Einstreu

BRAUN

Trockenes abgefallenes Laub

Holzige Schnittreste

Papier und Karton, zerkleinert

Hackschnitzel

Stroh

Eierschalen

Holzasche

Erde

Altes bzw. minderwertiges Substrat aus dem Handel

FALSCHE MYTHEN ENTLARVT
DAS KANN MAN KOMPOSTIEREN!

Ich habe durch positives Herangehen herausgefunden, dass man so ziemlich alle Gartenabfälle sicher und erfolgreich kompostieren kann. Je mehr man hineinwirft, desto größer ist das Volumen und desto höher die Temperatur – zwei Pluspunkte beim Kompostieren. Entspannen Sie sich und überlassen Sie den Mikroben die Arbeit.

Rhabarberblätter und Zitrusschalen

Oft wird davor gewarnt, Rhabarberblätter und Zitrusschalen zu kompostieren, vielleicht weil sie von Natur aus sauer sind. Dabei können beide auf den Komposter, ohne dass sie Schaden anrichten. Rhabarberblätter enthalten Oxalsäure, die in hoher Konzentration für Säugetiere, Vögel und sogar manche Insekten giftig ist, nicht hingegen für die Mikroben im Komposthaufen, die sie problemlos in harmlose organische Moleküle zersetzen.

Wenn man viele unterschiedliche Materialien in den Komposter wirft, wird der pH-Wert nivelliert. Allerdings braucht man sich sowieso nicht den Kopf über den pH-Wert des reifen Komposts zu zerbrechen, denn es ist höchst unwahrscheinlich, dass er den pH-Wert des Bodens verändert. Man merkt das, wenn man Kalkflieher wie Rhododendren oder Heidelbeeren in neutralen bis alkalischen Böden kultiviert: Selbst nach dem Mulchen mit einer 30cm dicken Lage saurem Kompost kehrt der pH-Wert nach wenigen Jahren wieder in den alkalischen Bereich zurück. In der No-Dig-Gartenpraxis mulcht man jährlich mit 2–3cm Kompost (siehe S. 29). Überdies sorgen die Mikroben in gesunden No-Dig-Böden dafür, dass der pH-Wert um die Pflanzenwurzeln konstant bleibt.

Wurzeln mehrjähriger Unkräuter

Mehrjährige Unkräuter treiben jedes Jahr wieder neu aus fleischigen Wurzeln aus – oft schon aus kleinen Wurzelstücken, die nach dem Jäten oder Umgraben im Boden verblieben sind. Deshalb haben viele Bedenken, sie zu kompostieren. Ich tue es trotzdem, ohne sie vorzubehandeln, denn die Wurzeln zersetzen sich sogar in kühlen Kompostern, solange kein Licht an sie gelangt.

Kleiden Sie deshalb die Innenwände von Kompostern mit Bretter- oder Lattenwänden aus (siehe S. 98). Kleinere Komposter verschließt man mit einem Plastikdeckel. In einem Haufen, in dem die Temperatur unter 30°C liegt, dauert der Zersetzungsvorgang etwa acht Wochen. Bei höheren Temperaturen zersetzen sich die Wurzeln von Quecken und Winden binnen vier Wochen.

Erfolgreich kompostiert habe ich schon Acker- und Zaunwinden (*Convolvulus arvensis, Calystegia sepium*), Kriech-Quecke (*Elymus repens*), Giersch (*Aegopodium podagraria*), Löwenzahn (*Taraxacum officinale*), Große Brennnessel (*Urtica dioica*), Kriechenden Hahnenfuß (*Ranunculus repens*) und Ampfer (*Rumex*). Die größeren Ampferwurzeln würde ich allerdings zerkleinern. Acker-Schachtelhalm (*Equisetum arvense*) musste ich nie kompostieren, doch würde ich ihn auch problemlos mit hineingeben.

Unkrautsamen

Selbst ein, zwei Tage bei 50 bis 55°C reichen schon aus, Unkrautsamen abzutöten. Sie werden am ehesten in der Mitte des Haufens erreicht, weshalb man Samenstände dort deponieren sollte. Ansonsten können Samen nicht nur von Unkraut, sondern von allen möglichen Pflanzen, etwa Tomaten oder Kürbissen, eine kühle Kompostierung überleben und nach dem Ausbringen des fertigen Komposts keimen. Ein Problem ist das allerdings nicht. Selbst angesetzter Kompost hat so viele Vorteile (siehe S. 16–18), dass man ein paar Unkrautsamen gern in Kauf nimmt. Dank des No-Dig-Ansatzes (siehe S. 8) bleibt der weiche Kompost auf der Oberfläche, sodass man Sämlinge sofort auszupfen kann. Lassen Sie Unkrautsamen nach dem Mulchen 7–10 Tage Zeit zum Keimen (außer im Winter). Dann können Sie die aufgetragene Schicht an einem trockenen Tag durchharken oder -hacken. Das tötet frische Sämlinge ab und die Oberfläche bleibt frei für Aussaaten oder frisch gepflanzte Setzlinge. Möhren dürfen übrigens nicht an dem Tag gesät werden, an dem mit Kompost gemulcht wurde!

Krankes Material

Ich werfe krankes Material auch dann auf den Kompost, wenn der Komposter sich nicht stark erhitzt. Nachteile dadurch sind mir noch nie aufgefallen. Das widerspricht zwar allen gärtnerischen Gepflogenheiten, aber es gibt Gründe, warum es funktioniert. Erstens sind viele Krankheiten normaler Bestandteil des Zersetzungsprozesses. Mehltau etwa erscheint gegen Ende des Wachstumszyklus einer Pflanze und beschleunigt die Zersetzung von altem Laub. Zweitens überleben nur wenig pathogene Pilze und Bakterien auf totem Pflanzenmaterial. Und wenn doch, machen ihnen die Bedingungen in einem Heißkomposter den Garaus.

Selbst wenn Pathogene die Kompostierung überstünden, würden sie nicht vom Kompost übertragen werden, denn sie brauchen ganz bestimmte Bedingungen, um Pflanzen zu infizieren. Pathogene Pilzsporen sind in der Luft vorhanden und infizieren anfällige Pflanzen, sobald Jahreszeit und Witterung günstig sind. Kürbisgewächse etwa sind im Spätsommer, wenn sich die Früchte entwickeln, anfällig für Echten Mehltau. Tomaten und Kartoffeln fangen sich nur bei warm-feuchtem Sommerwetter die Kraut- und Knollenfäule ein, die sich über Sporen ausbreitet.

>> Die Wurzeln mehrjähriger Unkräuter zersetzen sich selbst in einem kühlen Komposter, solange kein Licht an sie gelangt. <<

Koniferen

Holzige Schnittabfälle und Nadeln von Koniferen sind gute Ingredienzen für Komposter, sofern sie wie alles holzige Material gehäckselt werden (siehe S. 76). Sie haben zwar einen pH-Wert im sauren Bereich, doch wird er von anderen Abfällen ausgeglichen und schadet den zersetzenden Mikroben nicht. Schnittreste von Koniferen enthalten zudem Öle und Harze, darunter Terpenoide und Phenole. Sie verströmen einen charakteristischen Duft, den jeder kennt, der schon einmal eine Koniferenhecke geschnitten oder einen Sack Rindenmulch gekauft hat. Diese Verbindungen verlangsamen die Zersetzung, doch ist ihr Einfluss minimal, wenn sie mit anderen organischen Substanzen gemischt werden.

Herbstlaub

Vertrocknete, braune Blätter enthalten viel Cellulose, weshalb sie fast holzig sind und sich langsamer zersetzen als die meisten anderen Gartenabfälle. Viele befürchten, nicht verrottetes Laub im fertigen Kompost vorzufinden, aber in moderater Menge sind Blätter eine wertvolle Ingredienz in Kompostern. Sie müssen nur sichergehen, dass ihr hoher Kohlenstoffgehalt mit ausreichenden Mengen grünen Materials ausbalanciert wird. Die Zersetzung des

Laubs lässt sich beschleunigen, wenn man mit einem Rasenmäher darüberfährt und sie so vor dem Kompostieren häckselt.

Wenn in Ihrem Garten viel Laub zusammenkommt, empfehle ich einen separaten Haufen. Man kann ihn entweder als Quelle für braunes Material nutzen, um grünes Material auszubalancieren (siehe S. 73–75), oder Laubhumus daraus ansetzen (siehe S. 124), falls genug Platz ist. Wenn das Laub immer feucht bleibt, zersetzt es sich binnen zwei Jahren langsam mithilfe von Pilzen.

KOMPOSTIER- UND ABBAUBARE VERPACKUNGEN

Papier und Karton eignen sich hervorragend als Kompostmaterial, sieht man von Hochglanzdrucken ab. Klebebänder und Etiketten aus Plastik müssen aber vorher entfernt werden. Vorsicht: Nur weil Tüten oder Kartons als »kompostierbar« oder »biologisch abbaubar« gekennzeichnet sind, heißt das nicht, dass sie sich so rasch zersetzen wie die übrigen Abfälle.

Ich habe festgestellt, dass »kompostierbare« Kunststoffbeutel sich nach sechs Monaten im hauseigenen Heißkomposter in eine nasse, weiche Masse verwandeln. Das Material, aus dem sie gefertigt sind, ist oft für Großkompostanlagen gemacht, in denen mit hohen Temperaturen gearbeitet wird, und eignet sich nicht unbedingt für normale Gartenkomposter.

Als »biologisch abbaubar« werden Stoffe bezeichnet, die sich über einen unbestimmten Zeitraum in Stücke auflösen oder abgebaut werden. Das kann aber unter Umständen wesentlich länger dauern als bei normalem Gartenkompost. Gehen Sie also nicht automatisch davon aus, dass sich etwas nur deshalb zum Kompostieren eignet, weil es als biologisch abbaubar gekennzeichnet ist.

DAS RICHTIGE VERHÄLTNIS

Als ich mit dem Gärtnern begonnen habe, galten 32 Teile Kohlenstoff auf 1 Teil Stickstoff als ideales Verhältnis beim Ansetzen von Kompost. Um das zu erreichen, muss man die chemische Zusammensetzung der Abfälle aber sehr gut kennen. Das überfordert die meisten und ist auch gar nicht praktikabel. Ich ziehe es vor, zwischen »grünem« und »braunem« Material zu unterscheiden (siehe S. 64–65). So lässt es sich viel leichter in Mengen kombinieren, die der aeroben Zersetzung förderlich sind (siehe S. 54).

Im Gleichgewicht

Eine nützliche Faustregel besagt, dass man 3 Teile grünes und 1 Teil braunes Material in den Komposter geben sollte, aber das ist kein in Stein gemeißeltes Gesetz. Braunes Material ist in der Regel so dicht und faserig, dass schon geringe Mengen reichen, um ein ausgewogenes Verhältnis zu bekommen und die weichen, feuchten Bestandteile, die rasch in sich zusammenfallen, zu belüften.

Verteilen Sie das Material gleichmäßig auf der gesamten Fläche, statt es nur mitten auf den Haufen zu werfen. So kann man es leichter in ausgewogenen Mengen portionieren und erkennt ohne langwieriges Abmessen oder Wiegen, ob das Verhältnis an grünem und braunem Material stimmt. Selbst wenn große Mengen an grünem Material mit reichlich Lufteinschlüssen hineinkommen, tragen Sie es nicht dicker als 5cm auf, bevor Sie etwa 1cm braunes Material darauf verteilen. Eine dicke Lage weicher Grasschnitt verdichtet sich schnell, sodass kein Platz mehr für Luft bleibt. Braunes Material trägt hier dazu bei, kleine Lufteinschlüsse zu erhalten, die für die Zersetzung unabdingbar sind.

Saisonale Schwankungen

Die Beschaffenheit von Gartenabfällen variiert mit den Jahreszeiten enorm. Sie reicht von fast ausschließlich braunem Material im Spätherbst und Winter, etwa trockenem Herbstlaub und holzigen Schnittabfällen, bis zu saftig grünen Resten im Frühjahr und Sommer, wenn reichlich Grasschnitt, Unkraut und grünes Laub verfügbar sind. Die Herausforderung besteht darin, den Komposter ganzjährig mit einem ausgewogenen Mix aus Grün und Braun zu versorgen. Es kann sinnvoll sein, Braunes zu lagern, um es im Sommer parat zu haben. Herbstlaub und Hackschnitzel lassen sich draußen als Haufen oder in Säcken aufbewahren; Papier und Karton sind sowieso fast ständig verfügbar. Eine weitere nützliche Quelle für braunes Material im Sommer ist Heckenschnitt. Er hat zwar eine überwiegend grüne Farbe, enthält aber größere Anteile an holzigem Material. Grünes hingegen lässt sich im Sommer nicht lagern, da es sich rasch zersetzt. Im Winter sind Kaffeesatz, Urin und frischer Dung Lieferanten von grünem Material.

DIE EINFACHE ERFOLGSFORMEL

Das Kompostieren wird oft komplizierter dargestellt, als es ist. Halten Sie sich einfach an die Formel »3 Teile Grün auf 1 Teil Braun« und Sie erzielen optimale Ergebnisse.

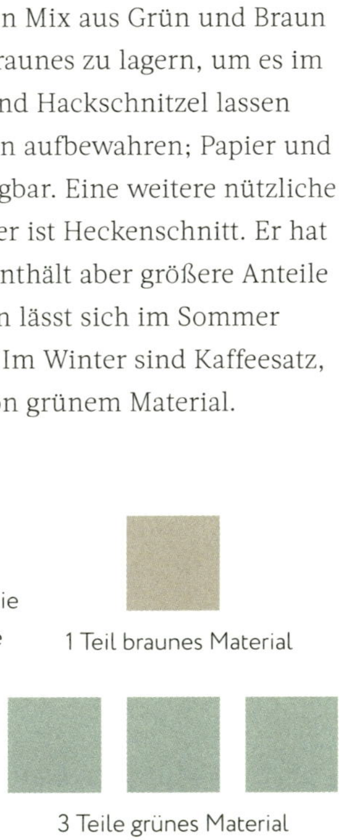

ZEITSTRAHL DES KOMPOSTJAHRES

Beschaffenheit und Menge der kompostierbaren Abfälle unterscheiden sich von Garten zu Garten. Dennoch gibt es bedingt durch den Wandel der Jahreszeiten immer gewisse Gemeinsamkeiten. Wenn man versteht, was diesen Wandel ausmacht, erreicht man das ganze Jahr über eine ausgewogene Mischung aus grünen und braunen Materialien.

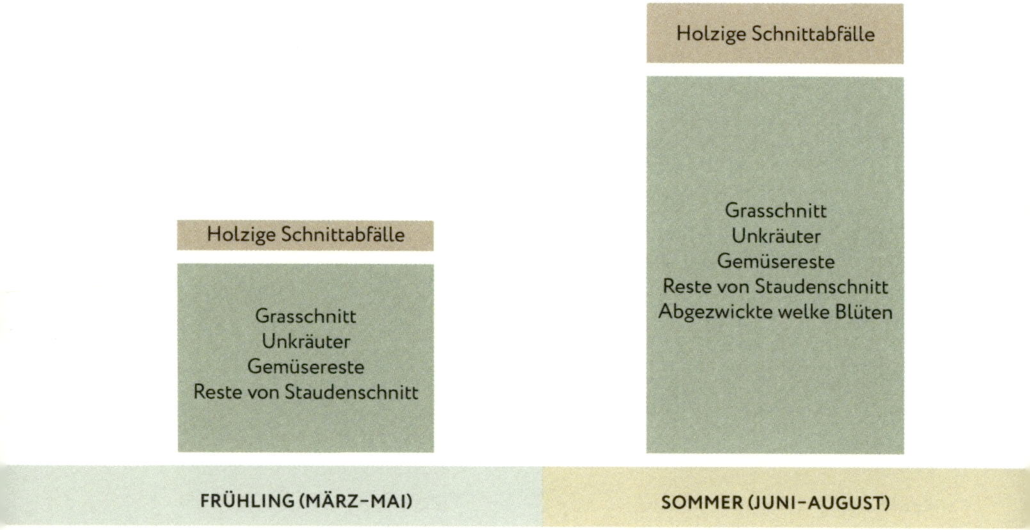

VORAUSSCHAUEND MATERIAL SAMMELN

Viele Gartenarbeiten sind an die Jahreszeit gebunden, aber einen Teil des braunen Materials, das im Herbst und Winter anfällt, kann man sammeln, um im Frühjahr und Sommer, wenn grünes Material dominiert, ein Gegengewicht zu Letzterem parat zu haben.

TIPPS FÜR ERFOLG-REICHES KOMPOSTIEREN

Meiner Erfahrung nach kann man mit ein paar simplen Tricks die Kompostqualität erheblich steigern. Verwendet man nur etwas mehr Zeit und Mühe darauf, sich gut zu überlegen, was man hineinwirft und wie man es vorbereitet, kann man die Mikroben zu Höchstleistungen animieren. Der Lohn ist optimaler Kompost.

Lange Triebe und Stöcke zerkleinern

Enthält ein Komposter zu viele holzige Triebe mit einer Länge von mehr als 15cm, verlangsamen zu große Lufteinschlüsse die Zersetzung sehr stark. Auch der fertige Kompost ist dann noch mit vielen Stöcken und festen Strängen durchsetzt, sodass er ungleichmäßig wird und sich schwer ausbringen lässt.

Mit einem Messer, einer Gartenschere, einem Rasenmäher oder einem Häcksler (siehe S. 126–127) können Sie alles holzige Material und zähe, faserige Triebe zerkleinern. Die besten Ergebnisse liefern Stücke von nicht mehr als 5–10cm Länge. Bei dieser Größe bekommt grünes und braunes Material mehr Kontakt zueinander; zudem vergrößert sich die Oberfläche der holzigen Bestandteile, wodurch Mikroben sich besser über sie hermachen und sie zersetzen können. Ich spalte Kohlstrünke und Sonnenblumenstängel zweimal der Länge nach. Anschließend lassen sie sich leichter in kürzere Stücke schneiden.

Mit Hackschnitzeln arbeiten

Hackschnitzel aus dem eigenen Garten oder von Gärtnereien in Ihrer Nähe sind wertvolles braunes Material. Ich rate jedoch vom Einsatz frisch gehäckselter Holzreste in einem Haufen mit gemischtem Inhalt ab, denn selbst kleine Holzstückchen verrotten langsamer als andere Abfälle und sind deshalb auch im fertigen Kompost noch zu finden. Viel besser ist es, in den Komposter Hackschnitzel zu geben, die bereits teilweise zersetzt sind, etwa weil sie mindestens sechs Monate lang Zeit hatten, in einem separaten, feuchten Haufen zu verrotten (siehe S. 124).

Damit keine größeren Holzstücke in meinem fertigen Kompost verbleiben, werfe ich alte Hackschnitzel durch ein schräg gestelltes Gartensieb und gebe nur die feineren, teils zersetzten Bestandteile, die hindurchfallen, in den Komposter.

Ausreichend Feuchtigkeit beisteuern

In unserem feuchten mitteleuropäischen Klima müssen wir Kompostern kaum je Wasser zuführen, denn die meisten grünen Materialien enthalten bereits so viel, dass noch mehr einen matschigen, anaeroben Brei ergeben würde. Gibt man ausreichend Lagen braunes Material dazu, stimmt der Feuchtigkeitsgehalt in etwa. Trockenes braunes Material kann sogar überschüssiges Wasser aufsaugen. Besonders gut dafür eignen sich Papier und Karton, die deshalb vorher nicht angefeuchtet werden sollten.

In trockenen Klimazonen oder bei heißem, trockenem Wetter enthalten Gartenabfälle von Haus aus weniger Feuchtigkeit. In diesen Fällen ist es oft erforderlich, den Haufen zu wässern. Das erledigt man am besten mit einer Gießkanne oder einem Gartenschlauch mit feiner Brause und immer dann, wenn das hinzugefügte Material trocken wirkt. Sobald es aber wieder regnet, hört man damit auf.

WEITERES MATERIAL FÜR DEN KOMPOSTER

Kompostiert werden kann auch Material, das nicht aus dem eigenen Garten stammt. Sehen Sie sich nach anderen Quellen um. Mehr Material beschleunigt den Zersetzungsvorgang und liefert entsprechend größere Mengen Kompost.

Abfälle von außerhalb

Wenn Sie die Bakterien zur Wärmeentwicklung animieren möchten, damit Unkrautsamen abgetötet werden, können Sie grüne Unkrautreste und Samen von anderen in den Komposter werfen! Ich nehme immer gern das Angebot meines Nachbarn an, seine Disteln zu verwerten, und halte ständig Ausschau nach weiteren Quellen. Tipps dazu finden Sie in der Tabelle gegenüber.

Beschleuniger und andere Kompostierprodukte

Inzwischen bekommt man im Handel Zusatzprodukte für die Kompostierung. Ich sehe wenig Nutzen in solchen Präparaten. Die Zersetzung ist ein natürlicher Vorgang, den man nicht künstlich vorantreiben muss. Als Beschleuniger dienen Stickstoff und vielleicht Mikroben, die es in Grasschnitt und Kaffeesatz auch kostenlos gibt. Der Kauf von Kompostwürmern ist ebenfalls hinausgeworfenes Geld, denn sobald die Temperatur über 30°C steigt – und das tut sie in jedem Haufen, sobald man grünes Material hineinwirft –, wandern die Würmer an den Rand oder gehen ein. Sie sind bei dem hier beschriebenen Verfahren auch gar nicht notwendig. Zudem stoßen sie in der späten Kompostierphase nach der bakteriellen Zersetzung von selbst dazu (siehe S. 51). Anders sieht es beim Wurmkomposter aus (siehe S. 109–111).

ZUSÄTZLICHE KOMPOSTIERBARE MATERIALIEN

MATERIAL	BESCHREIBUNG	HERKUNFT	KATEGORIE
UNKRAUT AUS ANDEREN GÄRTEN	Alle unerwünschten ein- und mehrjährigen Pflanzen mit Wurzeln und Samen	Nachbarn und andere Schrebergärtnerinnen und -gärtner	Grünes Material
GRASSCHNITT	Unbehandelte Mähreste von Rasen, Banketten und Wegen	Grasflächen, mit Erlaubnis der Besitzer gemäht	Grünes Material
TREBER	Abfallprodukt beim Bierbrauen	Örtliche Brauereien oder Bekannte, die eigenes Bier brauen	Grünes Material
KAFFEESATZ	Gemahlene Kaffeebohnen nach dem Aufbrühen	Wird von Cafés verschenkt	Grünes Material
HECKENSCHNITT	Überwiegend holzige Reste von sommer- und immergrünen Hecken	Nachbarn, Bekannte, Freunde	Braunes Material
HACKSCHNITZEL	Mit dem Häcksler zerkleinerte Zweige von Bäumen und Sträuchern	Baumpfleger, Gärtnereien oder der eigene Häcksler	Braunes Material

WANN NICHTS MEHR IN DEN KOMPOSTER SOLLTE

Natürlich kann man ständig geringe Mengen auf den Komposter werfen, denn der Zersetzungsprozess lässt den Inhalt kontinuierlich schrumpfen. Aber wenn man einen Komposter voll gleichmäßig verrotteter, nutzbarer Materialien haben möchte, sollte man wissen, wann es Zeit ist, damit aufzuhören.

Den geeigneten Zeitpunkt abpassen

Wann soll man aufhören, dem Komposter ständig frisches Material hinzuzufügen? Sofern man nicht ungewöhnlich große Mengen zum Kompostieren hat, kann man einen Haufen normalerweise ein ganzes Jahr lang füllen. Ich breche es allerdings ab, bevor er bis obenhin voll ist, ansonsten besteht die Gefahr, dass unten alles zu sehr verdichtet und nicht mehr belüftet wird. Wenn Sie das Gefühl haben, es reicht, hören Sie vorsorglich auf. Ansonsten ist es nicht schwer, einfach weiterzumachen und dabei nie zum Ende zu gelangen.

Wenn Ihr Kompostbehälter bzw. -haufen die passende Größe für die organischen Substanzen hat, die bei Ihnen anfallen (siehe S. 92–93), sollte er vom Frühjahr bis zum Herbst binnen 2–3 Monaten voll zu bekommen sein. Im Winter, wenn wenig anfällt, ist es unwahrscheinlich, dass er bis zum Anschlag voll wird.

Warum überhaupt aufhören?

Falls Sie nur einen einzigen Komposter haben, der konstant gefüttert wird, ist darin stets eine unzersetzte Schicht oben und eine kleine, aber kontinuierlich nutzbare Quelle fertigen Komposts ganz unten, die herausgeholt und eingesetzt werden kann. Wenn Sie einen Haufen bis obenhin füllen, damit er als Ganzes verrottet, und dann einen neuen anlegen, brauchen Sie mindestens zwei Behälter.

Wer eine größere Menge gleichförmig reifen Kompost bekommen möchte, muss aufhören, ihn ständig mit frischem Material zu beschicken, besonders wenn der Haufen auch noch gewendet wird (siehe unten). So kann man ihn komplett auf einmal leeren, etwa wenn man eine größere Fläche zu mulchen hat. Das ist besser als das gelegentliche Herausholen von ein paar Gabeln Kompost.

EIN-KAMMER-SYSTEM

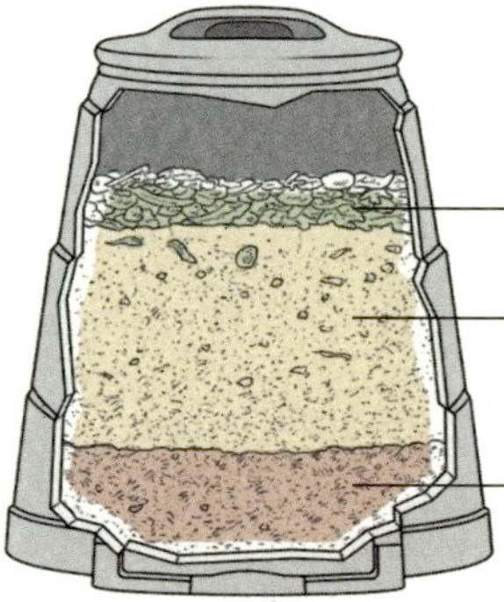

Kann über eine Luke vorn geleert werden

DREI-KAMMER-SYSTEM

Kammer mit frischem Material

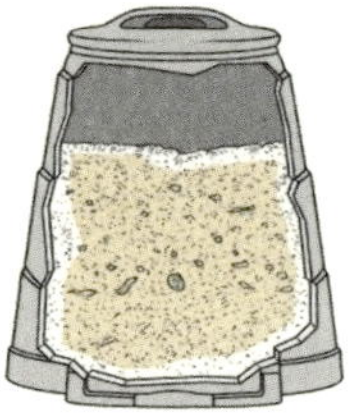

Kammer mit verrottendem Material bis zum Wenden

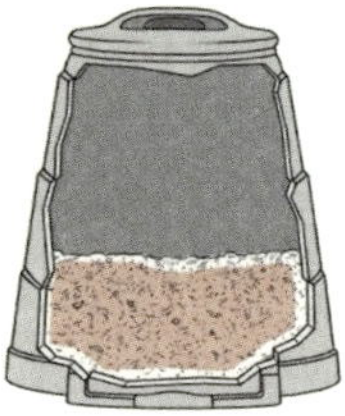

Reifer Kompost nach dem Wenden

EIN- ODER MEHR-KAMMER-SYSTEM?

In einem Ein-Kammer-Komposter läuft der gesamte Zersetzungsprozess in einem einzigen Haufen ab. Nutzt man mehrere Kammern, ist jede Phase getrennt. So hat man mehr Kontrolle und bekommt schneller Kompost.

WENDEN ODER NICHT?

Durch Wenden mischt man einfach den Inhalt eines Komposthaufens gründlich durch. Gerade das aber sorgt für mehr Verwirrung als andere Kompostierungsphasen. Wenn die Zersetzung auch abläuft, ohne dass gewendet wird, lohnt sich die Mühe dann überhaupt?

Die Vorteile des einmaligen Wendens

Das Material am trockeneren, kühleren Rand eines Haufens zersetzt sich langsamer als in der feuchteren, wärmeren Mitte. Durch Wenden mischt man alles durch und bricht trockene oder nasse Brocken auf, sodass ein gleichförmigerer Kompost entsteht. Außerdem liefert es den Bakterien frische Nahrung, was oft dazu führt, dass der Inhalt sich zum zweiten Mal aufheizt (siehe S. 49) und der Kompost schneller fertig ist.

Durch Wenden kann man außerdem Haufen retten, die in einen anaeroben Zustand geraten sind und stinken (siehe S. 54–55), denn es belüftet ihn und mischt trockenes Material wie Papier mit nassem. Das Durchmischen ist unkompliziert, verbessert den fertigen Kompost aber enorm.

Unterschiedliche Methoden

Ein Haufen lässt sich wenden, indem man ihn komplett in einen leeren Behälter schaufelt, also in eine zweite Kammer oder einen weiteren Komposter. Ich verwende dafür eine Mistgabel mit langen, dünnen Zinken (siehe S. 128). Belüften Sie den Haufen, indem Sie nasse, verdichtete Klumpen lösen und Material vom Rand in die Mitte schaufeln. Diese anstrengende Arbeit muss nur einmal pro Haufen durchgeführt werden und lässt sich wesentlich leichter bewerkstelligen, wenn man die Komposter bzw. Kammern öffnen kann, damit man gut an den Inhalt gelangt.

Sie können den Haufen aber auch mit einem anderen Werkzeug wenden, etwa einem Aerifizierer (siehe S. 129). Er mischt und belüftet den Inhalt, ohne dass man den Behälter leeren muss – aber harte Arbeit ist es trotzdem. Schrauben Sie den Aerifizierer von oben in den Haufen hinein und ziehen Sie ihn dann nach oben, um Material von unten nach oben zu befördern. Das wiederholt man ein paarmal, während man den Haufen füllt.

Wann wenden?

Ein Haufen kann in der Regel ein oder zwei Monate, nachdem man das letzte Mal etwas hineingeworfen hat, gewendet werden. Ein günstiger Zeitpunkt ist dann gekommen, wenn der Inhalt sich von 45–65°C während des Zersetzungsvorgangs auf 20–35°C abgekühlt hat. Allerdings ist das nicht in Stein gemeißelt – es kann immer dann erledigt werden, wenn Sie gerade Zeit haben. Auf jeden Fall habe ich festgestellt, dass Kompost 2–3 Monate nach dem Wenden fertig ist.

» Das Durchmischen ist unkompliziert, verbessert den fertigen Kompost aber enorm. «

WANN IST KOMPOST REIF?

Wann und in welchem Stadium der Zersetzung bringt man Kompost am besten zum Einsatz? Eine exakte Antwort darauf gibt es nicht, denn Kompost zersetzt sich kontinuierlich. Wichtig ist vielmehr, sich zu überlegen, wie man ihn einsetzen möchte und wann der passende Zeitpunkt dafür gekommen ist.

Kompost muss nicht perfekt sein

Guter Kompost aus Eigenproduktion ist manchmal etwas klumpig und enthält noch Holzstückchen, weshalb er verglichen mit einem gekauften Produkt, das zerkleinert und gesiebt wurde und daher feinkrümeliger ist, mitunter unfertig aussieht. Aber Kompost muss nicht perfekt gleichmäßig aussehen und komplett verrottet sein, um dem Garten zu nützen. Es gilt, einen Mittelweg zwischen Qualität und Quantität zu finden, vor allem, wenn man Kompost als Mulchmaterial verwendet: Wartet man zu lange, bekommt man wesentlich weniger Masse. Setzt man ihn hingegen als Vermehrungserde ein, muss er feiner texturiert sein. In solchen Fällen sollte man besser noch eine Weile warten und hinnehmen, dass der Inhalt des Haufens weiter schrumpft.

Wann man ihn ausbringen sollte

Wann Ihr Kompost fertig ist, entscheiden letztlich Sie. Es hängt davon ab, wann Ihr Boden ihn braucht und gemulcht werden kann. Ich mulche meine No-Dig-Beete im Spätherbst und verwende dabei zur Not auch Kompost, der noch nicht so weit zersetzt ist, wie ich es gerne hätte. Dafür kann ich rechtzeitig das Bodenleben nähren und die Erde vor Winterregen schützen, wenn die Pflanzendecke fehlt. Der Kompost zersetzt sich auf der Oberfläche weiter, sodass er zur Aussaat- und Pflanzzeit im Vorfrühling meist rechtzeitig weich und faserig ist.

Als Faustregel kann man sich merken: Kompost aus einem aeroben Haufen, der im Verlauf von drei Monaten gefüllt wurde (siehe S. 81), ist nach 6–8 Monaten einsatzreif und sollte nach einem Jahr sehr gut verrottet sein. Als Anhaltspunkt kann man sich auch an der Volumenreduzierung orientieren: Ist der Inhalt um etwa 50 Prozent und so geschrumpft, dass drei Viertel des ursprünglichen Materials nicht mehr erkennbar sind, ist er fertig. Ein guter Hinweis auf fertigen Kompost ist eine gewisse Homogenität und dunkelbraune Farbe, außerdem die Anwesenheit von Kompostwürmern (siehe S. 50). Holziges Material wird in diesem Zustand nach wie vor zu erkennen sein – es ist auch gar nicht nötig zu warten, bis alles komplett zersetzt ist.

Wer mehr Kompost hat, als er braucht, oder ihn noch nicht zum Einsatz bringen kann, lässt ihn einfach im Haufen. Dabei sollte man aber bedenken, dass er sich dort immer weiter zersetzt und an Volumen einbüßt. Je länger man wartet, desto weniger hat man also zur Verfügung.

» Kompost muss nicht perfekt gleichmäßig aussehen und komplett verrottet sein, um dem Garten zu nützen. «

MATERIAL AUS KOMPOSTTOILETTEN

Ich habe seit neun Jahren eine Komposttoilette und festgestellt, dass sich menschliche Ausscheidungen nicht nur kompostieren lassen, sondern dass es auch eine unkomplizierte, praktische Angelegenheit ist. Ich kann nur dazu raten, es zu probieren.

Meine Komposttoilette

Dave Readman hat in meinem Garten Homeacres einen 1,8x2,4m großen Schuppen zu einer Toilette für mich, meine Angestellten und Besucher umfunktioniert. Sie wurde 30cm erhöht gebaut, damit Platz für einen Sammelbehälter unter dem Boden ist. Er enthält drei Buchten, sodass sich Urin und Fäkalien halbwegs trennen lassen.

Unter der Urinschüssel befindet sich ein Behälter mit trockenem, faserigem Material wie Heu oder Stroh. Ist das nass, wird es über eine externe Klappe entfernt und auf den Komposter befördert, wo es aufgrund seines hohen Stickstoffgehalts zu zwei Dritteln als grüne Substanz klassifiziert werden kann. Es zersetzt sich sehr schnell.

Zwei Sitze sind für das »große Geschäft« gedacht, wenn auch immer nur jeweils einer genutzt werden kann. Nach jeder Sitzung wird eine Handvoll trockenes, holziges Material mit hineingeworfen, also etwa Sägemehl oder geschreddertes Papier, um überschüssige Feuchtigkeit aufzusaugen, den Geruch zu dämpfen und ein ausgewogenes Kompostmaterial zu ergeben. Nach einem Jahr legen wir den Sitz still und lassen den Inhalt des Behälters ein Jahr lang verrotten, bevor wir ihn leeren und verwerten. In der Zwischenzeit kommt der zweite Sitz zum Einsatz und alles beginnt von vorn.

SEITENANSICHT 1

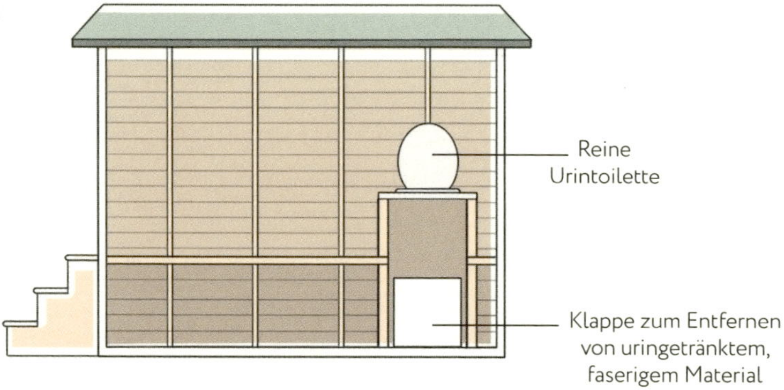

SEITENANSICHT 2

ANSICHT VON OBEN

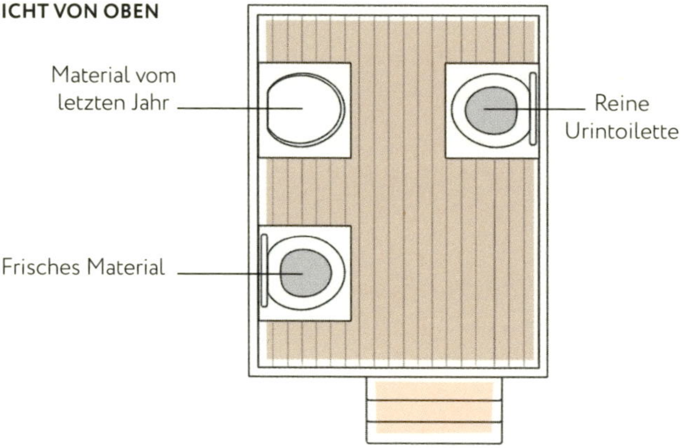

Verwendung des daraus entstandenen Komposts

Ich bin angenehm überrascht darüber, wie krümelig und geruchsneutral das Produkt aus der Komposttoilette ist. Allerdings ist der Ertrag gering – in einem durchschnittlichen Haushalt fallen im Jahr etwas mehr als drei große Schubkarren an, je nachdem, wie viel holziges Material hinzugefügt wird.

Wenn Sie den fertigen Kompost zum Einsatz bringen, behandeln Sie ihn wie Stallmist. Die Gefahr, dass kompostierte Fäkalien schädliche Bakterien enthalten, ist gering, dennoch sollte man vorsichtig sein und kein roh zu verzehrendes Gemüse damit düngen. Ich verteile den Kompost um Frucht-, Wurzel- und Blattgemüse, das gekocht wird, und natürlich um Zierpflanzen. Die Komposttoilette wird zwar auch von Fleischessern benutzt, doch hat das noch nie Probleme bereitet. Ich denke, dass das System für Menschen mit durchschnittlichem Ernährungsverhalten gut funktioniert.

KOMPOSTTOILETTE AUF HOMEACRES

Mit diesem einfachen System kann man Flüssig- und Feststoffe grob und ohne Einsatz eines speziellen Separationssystems trennen. Der Behälter mit uringetränktem Material wird einmal im Monat grob geleert, der mit festem Material einmal jährlich. Durch die leicht erhöhte Position des Schuppens lassen sich die Sammelbehälter leichter leeren.

Kapitel 4

Kompostiersysteme

DIE PASSENDE GRÖSSE FÜR SIE

In jedem Garten fällt ein ganz bestimmter Mix aus pflanzlichen Abfällen an und auch die Bedingungen unterscheiden sich von Haushalt zu Haushalt. Die einen stellen einen Komposter für Küchenabfälle in die Wohnung, die anderen haben einen großen Garten, den sie mit voluminösen Systemen ausstatten. Finden Sie den passenden Komposter – das ist der erste Schritt zum Erfolg.

Die Menge des anfallenden Materials bestimmt die Größe des Komposters

Es mag Sie überraschen, aber wenn es um Komposter geht, lautet die Devise: Klein ist schön! Legen Sie sich den kleinstmöglichen Haufen zu. Er sollte gerade so groß sein, dass er während der Vegetationsperiode nach maximal drei, besser noch zwei Monaten komplett gefüllt ist. Ein überdimensionierter Haufen nimmt nicht nur mehr Platz weg, er wird auch nie voll, weshalb er sich weniger stark aufheizt und der Inhalt sehr langsam verrottet.

Wer noch keine Erfahrung mit dem Kompostieren hat, wird erstaunt feststellen, wie schnell das Material während des Zersetzungsprozesses schrumpft. Deshalb nehmen Neueinsteiger oft fälschlicherweise an, dass sie einen viel größeren Komposter bräuchten, als eigentlich notwendig ist. Sobald man den passenden Materialmix hineinwirft (siehe S. 72–73), machen sich die Bakterien ans Werk und vernichten ihn fast komplett. Das Volumen des fertigen Komposts ist deshalb oft geringer als gedacht. Zugleich kann ein Komposter wesentlich mehr aufnehmen, als

>> Die besten Ergebnisse sind zu erwarten, wenn Sie einen Komposter haben, der nach 2–3 Monaten voll ist. <<

man meint. Nur große Gärten brauchen deshalb auch einen großen Komposter.

Der Leitfaden auf S. 100–103 hilft Ihnen ausgehend vom verfügbaren Platz und der Menge an kompostierbarem Material zu entscheiden, welche Art von Komposter Sie brauchen. Nehmen Sie sich Zeit, um herauszufinden, was für Ihre Bedürfnisse ideal ist – es zahlt sich aus, denn Sie kompostieren dann wesentlich schneller und leichter.

KOMPAKTE KOMPOSTER

Wenn nur relativ geringe Mengen grüner Garten- und Küchenabfälle anfallen, sollten Sie über eine geschlossene Kompostiermethode nachdenken, etwa einen Heiß- oder Wurmkomposter oder einen Bokashi-Eimer (siehe S. 106–111). All das nimmt weniger Platz weg als ein herkömmlicher Komposter und lässt sich in Höfen, auf Balkonen oder sogar in der Wohnung aufstellen.

KALT ODER HEISS

Wer möglichst schnell möglichst viel Kompost bekommen möchte, muss auf Hitze setzen. Sie ist allerdings beim Kompostieren nicht unbedingt nötig. Die Kaltkompostierung dauert länger und tötet Unkrautsamen nicht ab, ist aber für andere Materialien gut geeignet und liefert exzellenten Kompost.

Vorteile des Heißkompostierens

Im Heiß- bzw. Thermokomposter läuft die Zersetzung etwa dreimal schneller ab als im Kaltkomposter. Statt in 18 Monaten ist das Material also in sechs reif (siehe rechts). Das bedeutet auch, dass die gleiche Menge Material dreimal weniger Platz wegnimmt.

Ein Komposter erhitzt sich nur, wenn ausreichend stickstoffreiches grünes Material vorhanden ist, damit die Bakterien Nahrung finden und sich rasch vermehren. Die Temperaturen in einem Haufen steigen bis 50°C, was die Zersetzung beschleunigt und Unkrautsamen sowie Krankheitserreger abtötet. In großen Haufen können über 70°C erreicht werden, was aber nicht ratsam ist und dunkleren, dichteren Kompost liefert. Durch Hinzufügen von braunem Material und insbesondere zerknülltem Papier hält man die Temperatur niedriger.

» Im Thermokomposter läuft die Zersetzung dreimal schneller ab als im Kaltkomposter. «

Kühlen Kompost bewahren

Man kann auch ohne Wärme besten Kompost ansetzen, es dauert nur länger, weil überwiegend Pilze anstelle von Bakterien die Zersetzungsarbeit übernehmen. Braune Materialien wie Herbstlaub oder Hackschnitzel verrotten langsam und ergeben schönen Kompost (siehe S. 124), doch dauert das Ganze etwa zwei Jahre, weshalb man ausreichend Platz zur Verfügung haben muss, da alles länger liegt.

In einem Wurmkomposter (siehe S. 109–111) zersetzt sich auch grünes Material ohne Wärme. In diese Variante müssen Sie aber mehr Zeit investieren, denn Würmer brauchen wie Haustiere Betreuung und müssen mit zerkleinertem Material gefüttert werden. Die Ausscheidungen der Würmer, die die Abfälle verdauen (Wurmerde), ergeben einen herrlich feinen Kompost, der sich vorzüglich für die Pflanzenvermehrung eignet (siehe S. 36–39).

EINFLUSS DER TEMPERATUR AUF DIE KOMPOSTGESCHWINDIGKEIT

Hitze ist in einem Komposter nicht unbedingt erforderlich, doch zersetzt sich das Material unter Wärmeeinwirkung wesentlich schneller zu fertigem Kompost.

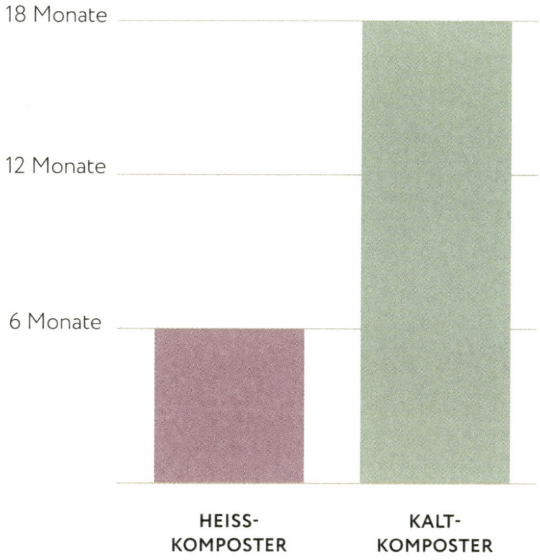

DER STANDORT UND WICHTIGE KRITERIEN

Wo ein Komposter steht und wie er konstruiert ist, beeinflusst das Ergebnis. Eine Rolle spielt dabei auch, wie leicht er sich leeren und ausbringen lässt. Es sind viele Ratschläge in Umlauf, die sich allerdings zum Teil widersprechen, was nur zur Verwirrung beiträgt. Dabei reicht es, ein paar simple Regeln zu befolgen.

Ideal: ein Fundament aus Erde

Das ideale Fundament für Komposter ist nackte Erde, denn sie lässt Feuchtigkeit ablaufen, dient zugleich aber als Zu- und Austrittspforte für Mikroben und andere Lebewesen. Legen Sie keinen Karton unter neu angelegten Kompostern aus, nur weil Sie Unkraut unterdrücken wollen, denn das geht sowieso ein, sobald Material hineingefüllt wird. Man kann Komposter sogar erfolgreich auf Beton und Pflaster anlegen, sofern die Fläche leicht geneigt ist oder das Wasser zwischen den Steinen ablaufen kann.

Schutz vor den Elementen?

Ob ein Komposter in der Sonne oder im Schatten steht, spielt keine Rolle. In feuchteren Klimazonen kann eine Abdeckung gegen Regen sinnvoll sein. Ich habe meine großen Buchten (siehe S. 120–123) vollständig überdacht, meine aus Paletten konstruierten Kisten dagegen decke ich nur mit Wellblech ab, während der Inhalt reift. Die noch nicht ganz gefüllten Behälter lasse ich offen.

Erreichbarkeit

Ein bequemer Zugang zum Befüllen, Wenden und Leeren des Komposters ist unumgänglich. Sie müssen Hunderte Male zu ihm laufen, wenn Sie ihn befüllen, weshalb ein Standort in der Mitte eines größeren Gartens sinnvoll ist. Falls Sie mit Schubkarren arbeiten, brauchen Sie zudem Platz zum Manövrieren.

Überlegen Sie auch, wie Sie an den Inhalt gelangen, etwa zum Wenden oder Entnehmen von Kompost. Kleine Türen am unteren Ende kegelförmiger Kunststoffkomposter (siehe S. 106) sind schwer zu benutzen. Den meisten fällt es leichter, von oben hineinzugelangen oder gleich den ganzen Komposter hochzuheben, um den Inhalt freizulegen. Palettenkomposter kann man konstruieren, indem man die Enden von Paletten mit Draht verbindet (siehe S. 114–117); sie werden bei Bedarf an einer Ecke gelöst, sodass man eine der Paletten wie eine Tür aufklappen kann. Mein System mit großen Buchten (siehe S. 120–123) habe ich so konstruiert, dass sich die Bretter abschrauben lassen.

Baumaterialien

Holz ist ein stabiles, leicht zu konstruierendes Material und damit ideal für Buchten. Verwenden Sie aber nur unbehandeltes Holz. Es hält zwar nicht so lange wie behandeltes, dafür besteht keine Gefahr, dass der Kompost chemisch kontaminiert wird.

Für Palettenkomposter braucht man unbehandelte Paletten. Völlig ungeeignet sind Ausführungen mit der Kennzeichnung MB, denn sie wurden mit giftigem Methylbromid behandelt. Unbehandelte Paletten halten selten länger als fünf Jahre, doch kann man das Holz anschließend kompostieren, wenn man die Nägel entfernt. Unbehandeltes Nadelholz ist unter dem Strich teuer, denn es hält nur wenige Jahre. Ich konstruiere meine Buchten aus Douglasienholz. Es enthält viele natürliche Öle und ist haltbarer als die meisten Nadelhölzer. Sperrholz kann verarbeitet werden, doch muss der verwendete Kleber unbedenklich sein. Auf Polyester basierende Kleber zersetzen sich innerhalb eines Jahres. Kleber auf der Basis von Epoxidharzen werden langsamer abgebaut.

FALSCHE MYTHEN ENTLARVT
DICHTE WÄNDE SIND GUT

W. E. Shewell-Cooper war ein bedeutender Gartenexperte und Verfechter der No-Dig-Methoden im 20. Jahrhundert. »Komposterwände müssen Spalten enthalten, damit Luft hineingelangt und zirkulieren kann«, riet er. Das wurde zu einem Credo des Gartenbaus, doch wenn man einmal darüber nachdenkt, kühlt und trocknet Luft aus seitlichen Schlitzen den Haufen nur – was überhaupt keinen Sinn ergibt!

Die Zersetzung läuft auch dann völlig problemlos ab, wenn die Seiten eines Komposters nicht durchbrochen sind, denn dichte Wände halten die Feuchtigkeit an den Rändern und die von den Bakterien erzeugte Wärme. Viele sorgen sich zwar, dass zu wenig Luft hineingelangt, was zu anaerober Zersetzung führt (siehe S. 54–55). Aber die Luft, die Bakterien brauchen, kommt nicht von außen – sie ist bereits in winzigen Einschlüssen zwischen faserigem braunem Material enthalten.

Kegelförmige Kunststoffkomposter haben geschlossene Seiten und liefern in meinem Garten trotzdem besten Kompost. Buchten aus Paletten bzw. mit Bretter- oder Lattenwänden lassen sich mit Karton ausschlagen. Man kann eine ganze Bucht nicht auf einmal von oben bis unten ausschlagen, denn der Karton wird nass und fällt dann zusammen. Am einfachsten ist es, die Seiten nach und nach mit Kartonbögen auszukleiden, wenn man den Haufen füllt. Muss der Inhalt schließlich gewendet oder entfernt werden, hat man halb verrotteten Karton, der beim Ansetzen eines neuen Komposters gut als braunes Material verwendet werden kann.

VERGLEICH MEHRERER KOMPOSTIERTYPEN

Manchmal ist es nicht ganz einfach zu entscheiden, welcher Komposter für Ihr Grundstück der beste ist und das passende Volumen für das in Ihrem Garten und Haushalt anfallende Material hat. Mithilfe der nachfolgenden Darstellungen können Sie die Größe der verschiedenen Ausführungen, ihr Fassungsvermögen und die Menge an Kompost, die sie liefern, vergleichen.

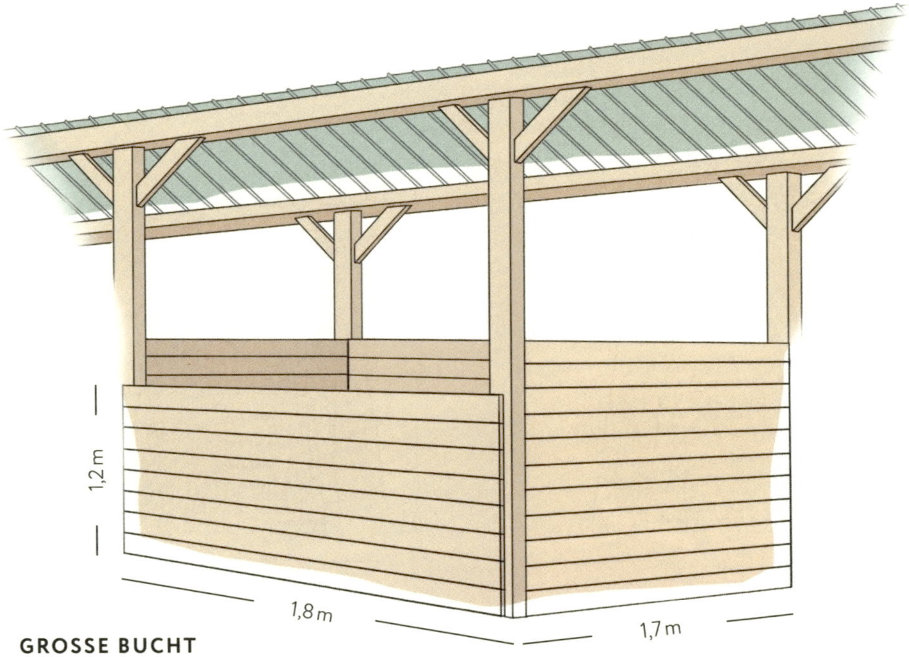

GROSSE BUCHT

Fassungsvermögen 3,6 m^3

Ungefähre Kompostmenge 1,7 m^3

PALETTENKOMPOSTER

Fassungsvermögen 1,2 m³

Ungefähre Kompostmenge 0,7 m³

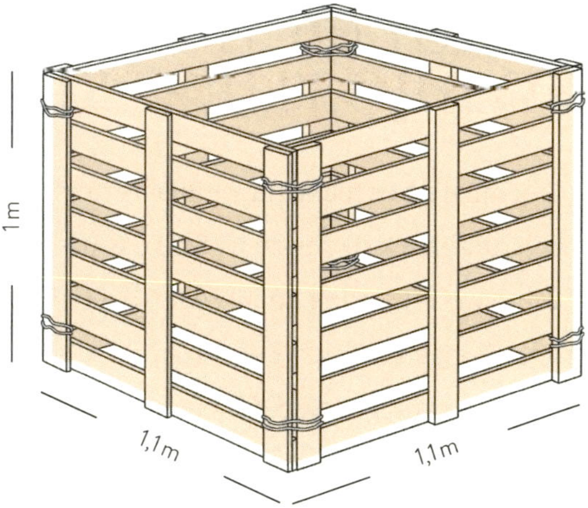

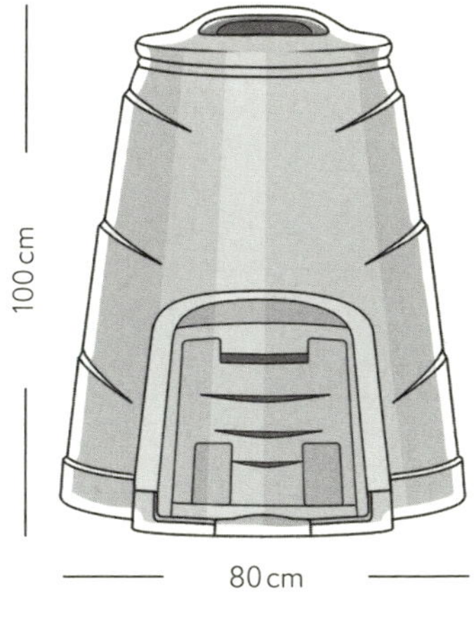

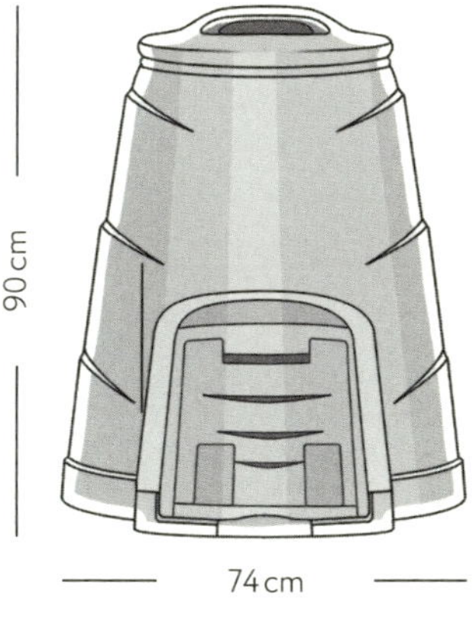

KUNSTSTOFFKOMPOSTER (330 LITER)

Fassungsvermögen 0,33 m³

Ungefähre Kompostmenge 0,18 m³

KUNSTSTOFFKOMPOSTER (220 LITER)

Fassungsvermögen 0,22 m³

Ungefähre Kompostmenge 0,12 m³

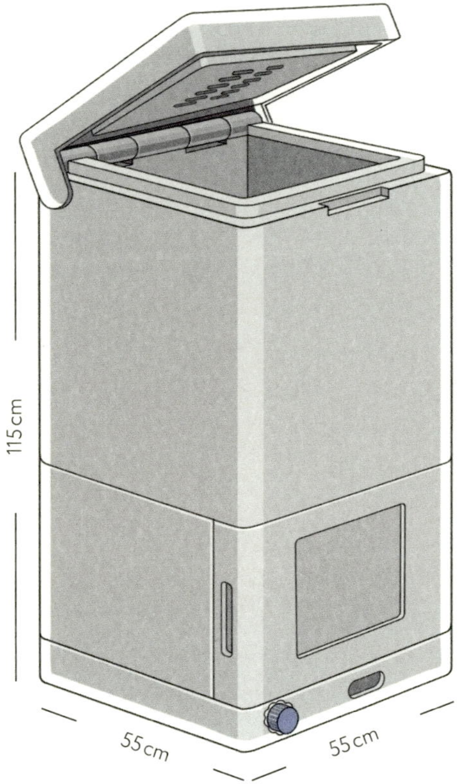

HEISSKOMPOSTER (HIER MIT 200 LITER INHALT, DOCH GIBT ES VIELE GRÖSSEN)

Fassungsvermögen (mit 5 cm dicken Isolierwänden, daher 10 cm von allen Angaben abziehen) 0,2 m³

Ungefähre Kompostmenge 0,11 m³

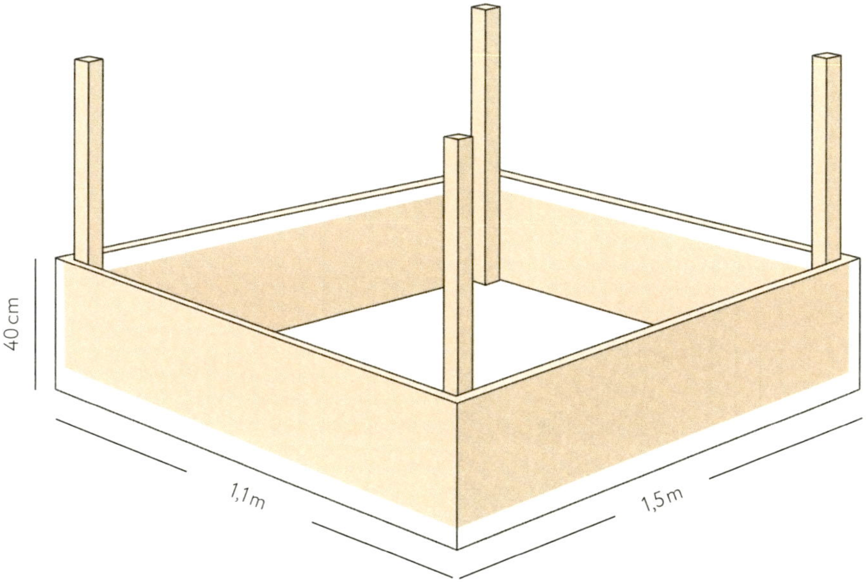

WURMKOMPOSTER

Höhe Höchstens 40 cm

Fassungsvermögen Würden immer nur regelmäßig kleine Mengen hinzugefügt, würde der Komposter nie ganz voll; Volumen bei Höchstmenge 0,66 m^3

Ungefähre Kompostmenge 0,4 m^3 nach einem Jahr bei regelmäßig hinzugefügten Kleinmengen

KOMPOSTER FÜR KLEINERE GÄRTEN

In einem Kleingarten, in dem Platz Mangelware ist und nur geringe Mengen an weniger vielfältigem Material anfallen, ist das Kompostieren oft nicht ganz einfach. Umso wichtiger ist es, den passenden Komposter auszuwählen, der von Anfang an passt.

Abfalltypen

Überlegen Sie gut, welches Material Sie kompostieren. Ein Kleingarten ist vielleicht vollgepackt mit Pflanzen, die viel Schnittabfall aus grünem und braunem Material liefern (siehe S. 64–65). Hinzu kommen eventuell noch ein paar Küchenabfälle und geschreddertes Papier bzw. Karton. Wenn aber nur geringe Mengen Einjähriger und etwas Gemüse anfallen und zudem erkleckliche Mengen Küchenreste, hat man überwiegend grünes Material, wofür sich womöglich eher eine alternative Methode wie ein Wurmkomposter eignet (siehe S. 109–111). Die meisten Fabrikate für kleine Gärten gibt es in verschiedenen Größen, sodass man passgenau etwas für die anfallende Menge auswählen kann.

Vorsicht vor Schnickschnack und unnützem Zubehör

Viele Hersteller versprechen, das Kompostieren zu beschleunigen, zu erleichtern oder sogar »Probleme« wie unangenehme Gerüche zu lösen. Überlegen Sie es sich zweimal, bevor Sie zu oft überteuertem Schnickschnack greifen. Nur sehr selten bringt er wirklich etwas, so gut das alles klingen mag. Viel besser ist es, sich ein gewisses Verständnis des Zersetzungsvorgangs anzueignen, damit man ein einfaches, aber wirkungsvolles Setup einrichten und anfallende Probleme souverän lösen kann.

KOMPOSTER	ABFÄLLE	FUNDAMENT	STANDORTE
KEGEL-FÖRMIGER KUNSTSTOFF-KOMPOSTER	Mischung aus grünem und braunem Material	Offen	Nackte Erde oder stark durchlässige Beläge
THERMO-KOMPOSTER	Mischung aus grünem und braunem Material	Geschlossen, mit Sockel	Nackte Erde oder befestigte Flächen, auch Terrassen oder Holzdecks
BOKASHI	Nahrungsreste	Geschlossen	Meist drinnen, weil es bequemer ist
WURM-KOMPOSTER	Fein gehacktes grünes Material einschließlich Schälreste aus der Küche	Frei stehende Bausätze: geschlossen, mit Sockel Mit Hochbeeteinfassung: offen	Frei stehende Bausätze: draußen, auf einer ebenen Fläche, bei Frost manchmal drinnen Mit Hochbeeteinfassung: draußen auf nackter Erde

Kegelförmige Kunststoffkomposter

Meine Empfehlung für alle mit einem Kleingarten ist ein kegelförmiger Kunststoffkomposter. Er kostet nicht viel, ist problemlos erhältlich und wird in mehreren Größen angeboten. Weil er wenig wiegt, kann man ihn hochheben, um ihn im Garten herumzutransportieren oder den Inhalt zu leeren. Wer Platz hat, kann auch zwei oder drei aufstellen, sodass ein Behälter reift, während der andere gefüllt wird.

Man stellt Kunststoffkomposter am besten auf nackter Erde auf. Sie zu verwenden ist kinderleicht: Man muss sie nur schichtweise mit grünem und braunem Material befüllen (siehe S. 64–65). Die Plastikwände und der Deckel halten Feuchtigkeit, weshalb es umso wichtiger ist, dass man auch braunes Material wie Karton und Strauchschnitt hineinwirft, die für Struktur im Haufen sorgen, ihn belüften und verhindern, dass er nass und anaerob wird (siehe S. 54–55). Wenn im Sommer viel grünes Material anfällt, entsteht in einem Kunststoffkomposter ordentlich Wärme. Die festen Wände halten sie und isolieren den Inhalt.

Der Haufen lässt sich ganz leicht wenden, indem man den Komposter hochhebt, neben dem kompostierten Material abstellt und den Inhalt anschließend wieder mit einer Gabel hineinschaufelt. Fertigen Kompost aus den kleinen Luken am unteren Ende des Komposters zu holen ist etwas mühsam. Ich nehme lieber den Deckel ab und hole geringe Mengen oben heraus oder hebe den ganzen Komposter hoch, wenn ich den ganzen Inhalt auf einmal verbrauchen möchte. Meine Kunststoffkomposter liefern schönen Kompost, der innerhalb von 8–10 Monaten fertig ist.

Thermokomposter

Diese hohen, schlanken Kunststoffkomposter eignen sich ebenfalls für kleinere Grundstücke, denn sie nehmen wenig Platz weg und lassen sich, da sie einen geschlossenen Behälter haben, auch auf befestigten Flächen wie Terrassen aufstellen. Thermokomposter haben einen dicht schließenden Deckel, sodass Fliegen und Ratten nicht hinein- und üble Gerüche nicht herauskommen. Die isolierten Wände halten die bei der Zersetzung entstehende Wärme, wodurch die Verrottung beschleunigt wird - manche behaupten, schon in nur 60 Tagen fertigen Kompost zu haben, aber ich denke, das gelingt nur den wenigsten.

Grüne und braune Materialien müssen bereits vor dem Hineinwerfen korrekt gemischt werden, denn das Ziel ist, Kompost zu bekommen, ohne den Haufen zu wenden. Deshalb wird kontinuierlich frisches Material oben hineingeworfen und der fertige Kompost unten entnommen. Am Boden befindet sich auch eine Auffangschale für Flüssigkeit, die man mit einem Hahn abzapfen kann. Verdünnt man dieses »Sickerwasser«, kann man damit Pflanzen gießen, aber ich bezweifle, dass es sonderlich nährstoffhaltig ist. Thermokomposter sind eine gute Lösung, wenn man viele Küchenabfälle hat, allerdings nicht ganz billig.

Trommelkomposter

In ihnen lässt sich Kompost ganz leicht wenden, weil der trommelförmige Behälter in einem Metallrahmen sitzt und mit einer Kurbel gedreht werden kann. Als ich ihn in meinem Garten ausprobiert habe, kam er mir allerdings ineffizient vor, weil durch die dünnen Wände Wärme verloren geht, was den Zersetzungsvorgang verzögert. Außerdem lässt sich die Trommel nur noch schwer drehen, wenn sie voll ist. Hinzu kommt, dass Trommelkomposter teuer sind. Ich sehe keinen Nutzen in ihnen und kann sie daher auch nicht empfehlen.

Bokashi

Im Bokashi-Eimer wird streng genommen nicht kompostiert, sondern fermentiert. Das alternative Verfahren eignet sich zur Verwertung von Nahrungsmittelresten. Es bietet sich an, wenn man Probleme mit den Gerüchen aus Abfalleimern in der Küche hat oder befürchtet, Gartenkomposter könnten Ratten anlocken.

Bei der Bokashi-Methode werden Obst- und Gemüseabfälle zusammen mit Fleisch- und Milchresten sowie einem Startermittel, das Effektive Mikroorganismen (EM) enthält, in einen verschlossenen Eimer gegeben. Dort kommt es zu einer anaeroben Fermentation, bei der die Kohlenhydrate im Abfall in Milchsäure umgewandelt werden. Das konserviert den Inhalt und lässt zugleich eine Flüssigkeit entstehen, die über einen Hahn aus dem Eimer abgezogen werden muss.

In dieser vergorenen Form werden Abfälle aus einem Bokashi-Eimer gut von Bodenmikroben umgewandelt. Das entstehende Material hat jedoch den Nachteil, dass man es nicht auf dem Boden verteilen kann. Damit es sich komplett zersetzt, muss es entweder auf den Komposter geworfen oder im Garten eingegraben werden, wofür man zusätzlichen Platz braucht. Außerdem schädigt man damit das Ökosystem des Bodens. Ich finde, die Anschaffung eines Bokashi-Eimers lohnt sich also nur dann, wenn man Geruchsbildung in der Küche vermeiden möchte oder Probleme mit Schädlingen im Komposthaufen hat.

WURMKOMPOSTER

Kompostwürmer (*Eisenia fetida*) (siehe S. 50–51) sind fleißige Kompostierer, die man in einem Wurmkomposter arbeiten lassen und ihre Ausscheidungen (Wurmkot) ernten kann. Mischt man Wurmkompost in Vermehrungserde, keimen die Aussaaten besonders gut. Ein frei stehender Behälter kann aber nur geringe Mengen verwerten und eignet sich daher am ehesten für Küchenabfälle und als Ergänzung eines Gartenkomposters.

Die passende Temperatur

Würmer vertragen keine Temperaturen über 26°C. Man kann also nicht zu viel grünes Material auf einmal hinzufügen, da es sich bei der Zersetzung zu stark erwärmt (siehe S. 43–44). Füttern Sie die Würmer während ihrer aktiven Phase – also zwischen Frühjahr und Herbst, wenn Temperaturen zwischen 12 und 26°C herrschen – oft, d.h. mindestens einmal die Woche, aber immer nur mit geringen Mengen. Bei Kälte stellen die Tiere ihre Tätigkeit ein oder erfrieren, wenngleich ihre Kokons überleben. Deshalb muss man den Komposter im Winter ggf. nach drinnen bringen.

Würmer bekommen und füttern

Wenn man einen halbreifen Kompost im Garten hat, ist die Wahrscheinlichkeit groß, dass er Kompostwürmer enthält. Mehr braucht man nicht für die Gründung eines eigenen Wurmkomposters. Man kann sich die Würmer auch online bestellen, was gut funktioniert. Die Tiere ernähren sich von teilweise zersetzter organischer Substanz, bevorzugen also gut zerkleinerte Küchenabfälle, die bereits ein, zwei Tage lang im Eimer gelegen haben.

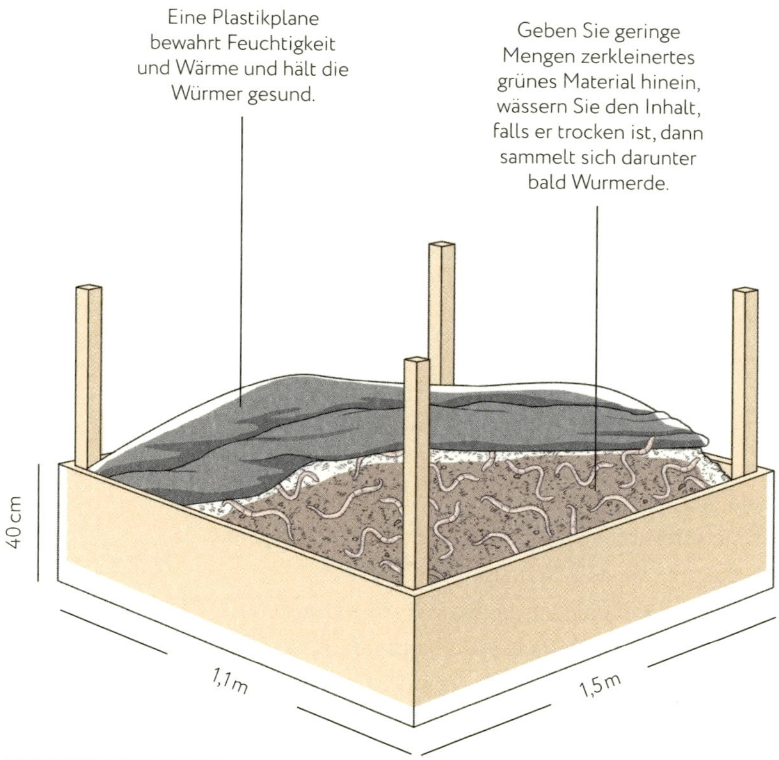

MEIN WURMKOMPOSTER MIT HOCHBEETEINFASSUNG

Diese einfache Konstruktion steht auf nackter Erde und lässt sich problemlos aus ein paar alten Holzbrettern und vier kurzen Pfosten konstruieren. Geben Sie Würmer und ein bisschen zerkleinertes grünes Material hinein, decken Sie alles mit einer Plastikplane ab und schon haben Sie einen voll funktionsfähigen Wurmkomposter.

Noch besser schmeckt ihnen halb verrotteter Kompost. Ist es zu trocken, stellen die Würmer ihre Tätigkeit ein, sodass man den Inhalt gelegentlich etwas wässern sollte, damit er feucht bleibt.

Einen Wurmkomposter auswählen

Im Handel werden mehrere Wurmkomposter angeboten, die sich auf befestigten Flächen aufstellen lassen. Sie sind aber anfällig für Temperaturschwankungen und müssen vor Frost geschützt werden. Bausätze bestehen meist aus einem Gerüst stapelbarer Wannen mit Löchern, durch die die Würmer kriechen können, und einem passgenauen Deckel. Die Würmer werden in die unterste Wanne gegeben. Darauf kommt eine zweite Wanne, in die sie wandern, wenn die erste voll ist. Der fertige Wurmkompost kann nach 3–6 Monaten aus der untersten Wanne entnommen werden. Überschüssige Flüssigkeit sammelt sich in einem Auffangbehälter ganz unten und kann über einen Hahn regelmäßig abgezapft werden. Man kann sie verdünnt als Dünger verwenden, allerdings bin ich mir nicht sicher, ob sie viele Nährstoffe enthält.

Wer Platz hat, dem empfehle ich, seinen Wurmkomposter auf nackter Erde aufzustellen, denn er ist unkomplizierter als ein frei stehender. Meine Version mit Hochbeeteinfassung besteht aus einer 30–45cm hohen Kiste. Möglich ist auch eine Plastikbox ohne Boden, aber Holz ist wegen seiner isolierenden Eigenschaften besser. Ich habe meinen Wurmkomposter auf Unkraut angelegt, das ich mit feuchtem Karton abgedeckt habe, und die Würmer mit ihrer Nahrung darauf platziert. Eine Abdeckung aus schwarzer Folie bewahrt Feuchtigkeit, darauf gelegte Holzbretter verhindern ein Aufheizen in der Sonne. Nach ein paar Monaten kann man Kompost ernten, indem man die oberste Schicht mit den Würmern abnimmt und die Wurmerde darunter aufsammelt. Dann kommt das Material mit den Würmern wieder hinein.

KOMPOSTER FÜR MITTELGROSSE GÄRTEN

In einem intensiv genutzten Haus- oder Schrebergarten fallen im Jahreslauf beträchtliche Mengen kompostierbarer Materialien an. Trotzdem sollte der Komposter nicht zu groß ausfallen. Vergessen Sie nie, dass er immer dann am effizientesten ist, wenn man ihn innerhalb von 2–3 Monaten komplett füllen kann.

Geeignete Buchten oder Komposter

Buchten mit knapp über 1m langen Seitenwänden sollten die passende Größe für einen mittelgroßen Garten haben und sich dank ihrer simplen Auslegung auch leicht füllen und leeren lassen. Ich bekomme fantastischen, hochwertigen Kompost mit Buchten, die ich aus Holzpaletten unkompliziert und preiswert konstruiere (siehe S. 114–117). Auch kegelförmige Kunststoffkomposter eignen sich für diese Art von Gärten – sieben große Exemplare fassen ein Volumen, das grob zwei Palettenbuchten entspricht –, doch manche halten die Palettenversion für optisch ansprechender; außerdem ist sie weitaus billiger.

Jeder mit ein bisschen handwerklichem Geschick kann sich seine Buchten aus gekauften oder gebrauchten, unbehandelten Massiv- bzw. Sperrholzbrettern (siehe S. 97) selbst bauen. Am einfachsten, aber auch teuersten sind Bausätze für Holz- oder Kunststoffbuchten. Ich bevorzuge Holz, denn Kunststoff biegt sich durch und ist als Wandmaterial für mittelgroße Buchten normalerweise nicht stabil genug.

Wie viele Haufen?

Schon mit einer einzigen Bucht kann man Kompost ansetzen, allerdings ist das Wenden dann etwas mühsam. Wer genug Material hat, um eine aus Paletten konstruierte Bucht binnen drei Monaten zu füllen, hat auch genug, um zwei oder drei zu füllen. Ideal ist eine Reihe aus drei Buchten (siehe S. 115), bei der man den Inhalt der beiden äußeren in die mittlere schaufelt.

Ich fülle regelmäßig eine der beiden äußeren Buchten innerhalb von zwei Monaten, lasse sie ein, zwei Monate in Ruhe und schaufle den Inhalt dann in die mittlere Bucht. Genauso verfahre ich mit der dritten Bucht auf der anderen Seite: Ihren Inhalt werfe ich irgendwann auf den älteren Kompost in der mittleren Bucht. Die mittlere Bucht wird etwa drei Monate später geleert und enthält dann bis zu einer Tonne hochwertigen Kompost. Wenn Sie nicht genug Platz für drei Buchten haben, geht es auch mit zwei, doch muss der fertige Kompost dann schneller verwertet werden, denn er lässt sich nirgends lagern.

» Ich bekomme fantastischen, hochwertigen Kompost mit Buchten, die ich aus Holzpaletten unkompliziert und preiswert konstruiere. «

EINEN PALETTEN-KOMPOSTER BAUEN

Kompostbuchten aus Holzpaletten haben einiges für sich: Sie sind schnell und preiswert zusammengebaut, haben die ideale Größe für alle pflanzlichen Abfälle, die in einem gut genutzten Haus- oder Schrebergarten anfallen, und liefern wertvollen süß duftenden Kompost, der im Garten gute Dienste leistet.

Material und Vorbereitung

Für eine Bucht braucht man vier Holzpaletten. Sie dürfen keinesfalls mit Holzschutzmitteln behandelt worden sein (siehe S. 97), da sie sonst chemische Rückstände abgeben können, die den Kompost kontaminieren. Unbehandelte oder wärmebehandelte Paletten halten 3–5 Jahre. Ich empfehle, den unteren Teil jeder Palette zu entfernen, da sie dadurch leichter und weniger sperrig werden; außerdem kommt man dann leichter an den Inhalt des Komposters. Außer Holzpaletten braucht man nur noch kräftigen, 3mm dicken Draht und ein paar Bögen Karton, die aber weder Klebeband noch Heftklammern enthalten dürfen.

Positionieren Sie die Palettenbucht auf nackter Erde (siehe S. 96). Die Fläche wird vorbereitet, indem man alle hohen Unkräuter mäht und den Boden einebnet, falls das nötig sein sollte. Einen Palettenkomposter kann man auf Rasen ebenso aufstellen wie auf Wiesengras oder mehrjährigen Unkräutern, denn die Pflanzen schaffen es nicht, die dicke Materialschicht im Haufen zu durchdringen, und gehen bald ein.

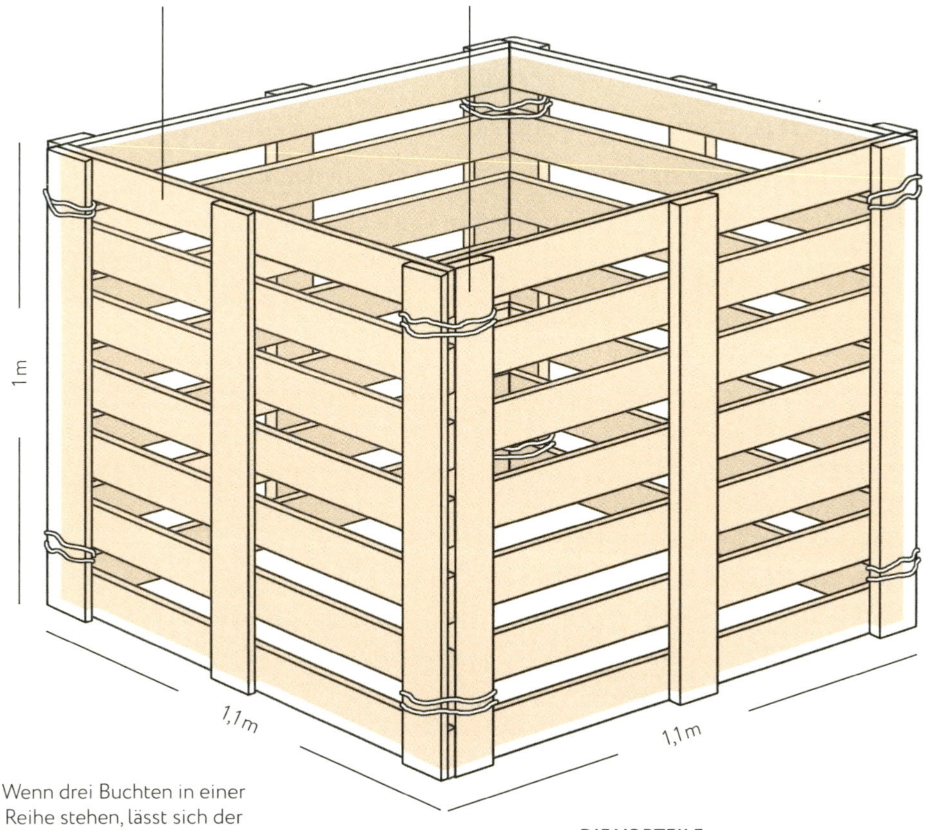

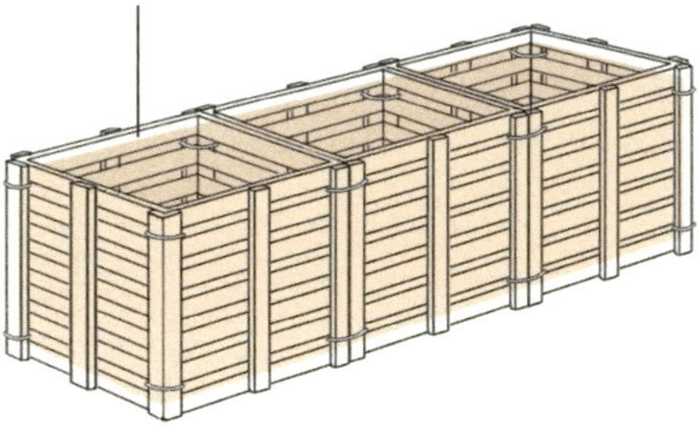

DIE VORTEILE

Ich mag Palettenkomposter, weil sie wenig kosten, einfach aufgebaut sind und sich leicht einsetzen lassen. Sobald man das Material beisammen hat, sind die vier Paletten innerhalb einer Stunde zusammengebaut und können gleich befüllt werden.

Eine Bucht bauen

Man muss nicht einmal Pfosten in die Erde schlagen, um die Paletten zu fixieren. Es reicht, alle vier Paletten so aufzustellen, dass sie ein Quadrat bilden. Dann werden je zwei aneinandergrenzende Paletten an den Ecken mit je zwei Drähten verbunden – einem am oberen und einem am unteren Ende. Zum Schluss zieht man die Drähte an, indem man die Enden mit den Fingern oder mit einer Beißzange zusammendreht.

Die dritte und vierte Palette werden auf die gleiche Weise mit den angrenzenden verbunden, sodass schließlich eine Holzkiste aus vier Paletten und acht Stücken Draht entsteht. Wenn Sie zum Wenden (siehe S. 83–84) oder Leeren gut an den Inhalt gelangen möchten, lösen Sie einfach zwei Drähte an der Ecke einer gut zugänglichen Palette und öffnen die Palette wie eine Tür.

Schieben Sie große Kartonbögen unter jede Palette, um den Boden um die Bucht herum abzudecken. Das blockiert Licht und verhindert, dass mehrjährige Unkräuter neben dem Haufen neu austreiben und in den Kompost hineinwachsen.

» Wenn Sie an den Inhalt gelangen möchten, lösen Sie einfach zwei Drähte an einer Ecke und öffnen die Palette wie eine Tür. «

Tipps für bessere Ergebnisse

Ein Palettenkomposter in Basisausführung ist ein großartiger Einstieg, aber mit ein paar weiteren Maßnahmen lassen sich Qualität und Quantität des Komposts erhöhen.

Die Seiten des Komposters müssen keine Lücken haben, damit Luft in den Inhalt gelangt (siehe S. 98). Geschlossene Seiten halten wertvolle Feuchtigkeit und Wärme, weshalb man die Innenseiten der Wände beim Befüllen sukzessive mit 30–45cm hohen Abschnitten aus dickem, braunem Karton ausschlagen sollte.

Ist eine Bucht gefüllt, bedeckt man den Inhalt mit Wellblech, schwarzer Folie oder Ähnlichem, damit es nicht hineinregnet. Das verhindert, dass der Inhalt nass und anaerob wird (siehe S. 54–55).

Nur drei weitere Paletten braucht man, wenn man eine weitere Bucht direkt an die erste anfügen will. Eine leere Palette direkt neben der bestehenden leistet gute Dienste, da man beim Wenden den Kompost direkt hineinschaufeln kann. Wenn Sie sich noch drei Paletten besorgen, können Sie eine dritte Bucht hinzufügen und haben damit ein effizientes Kompostiersystem.

Mein ideales System besteht aus drei Buchten: Wir werfen frisches Material in eine der seitlichen Buchten und lassen es in Ruhe reifen, während wir die Bucht auf der gegenüberliegenden Seite befüllen. In die mittlere Bucht wird nie frisches Material geworfen, denn dort kommt der gewendete Inhalt der beiden Seitenbuchten hinein. Zunächst wird die zuerst gefüllte Bucht gewendet, indem man sie in die mittlere schaufelt, dann wendet man den Inhalt der zweiten seitlichen Bucht, indem man sie ebenfalls in die mittlere, also auf den reifenden Kompost der ersten Bucht, schaufelt. Den gewendeten Kompost in der mittleren Bucht lässt man noch ungefähr zwei Monate fertig verrotten, dann kann man ihren gesamten Inhalt verwerten.

KOMPOSTER FÜR GROSSE GÄRTEN

Große Gärten liefern nicht nur viel Kompostmaterial, sie haben einen weiteren Luxus: Platz für ein Kompostiersystem aus mehreren großen Buchten, mit denen sich die Haufen gut wenden lassen können. Aber Vorsicht: Zu viel Volumen sollten sie nicht haben.

Die Buchten sollten nicht zu groß sein

Es ist schon erstaunlich: Konstruiert man eine Bucht nur geringfügig größer, liefert sie schon wesentlich mehr Kompost. Meine großen Buchten sehen nicht viel voluminöser als die Palettenkomposter aus, fassen aber 2,5-mal mehr Inhalt – ein riesiger Unterschied! Wenn die Haufen allerdings zu groß sind, können in der Mitte anaerobe Bedingungen entstehen (siehe S. 54–55). Man kann sie dann nicht mehr so schnell füllen, die Zersetzung verlangsamt sich und das Wenden wird zur stinkenden Angelegenheit. Sehen Sie sich auf S. 100–103 Größe und Fassungsvermögen der einzelnen Varianten an und stellen Sie den kleinsten Komposter auf, der Ihr kompostierbares Material gerade noch fasst.

Ich empfehle eine Reihe stabiler Holzbuchten, ähnlich der Siebenergruppe in meinem Garten auf Homeacres, die eine größere Version der Palettenkomposter sind (siehe S. 114–117). Sie sind schnell gebaut und sparen Platz. Mit ihnen geht das Wenden und Leeren größerer Mengen schnell und leicht.

Dank der relativ großen Zahl von Buchten kann man immer Kompost lagern und weiterreifen lassen, während man weitere Buchten füllt, wendet und ebenfalls reifen lässt. Das ist ideal, wenn man viel Kompost erzeugen möchte, um einen großen

Garten zu mulchen. Bei mir wird vom Frühjahr bis zum Herbst innerhalb von vier bis sechs Wochen jeweils eine Bucht voll, im Winter innerhalb von etwa vier Monaten. Den Inhalt lasse ich noch ein, zwei Monate verrotten, bevor ich ihn in die Nachbarbucht schaufle. Ein weiterer Vorteil meiner Anlage: Sie hat ein Dach. Das schützt den fertigen Kompost vor Regen und verhindert, dass er staunass und anaerob wird und stinkt.

Mehr Wärme, aber weniger Luft

Der Kompost aus den großen Buchten ist etwas dunkler als der von Palettenkompostern, obwohl so ziemlich das gleiche Material hineinkommt, denn die großvolumigen Haufen werden während des Zersetzungsprozesses heißer und halten die Wärme länger (siehe S. 43). Das fördert die Aktivität der Bakterien und hemmt die der Pilze. Außerdem hat es den Vorteil, dass mehr Unkrautsamen abgetötet werden (siehe S. 44). Die dunklere Farbe deutet aber darauf hin, dass weniger Pilze enthalten sind, die ebenfalls eine Bereicherung des Mikrobioms im Boden sind (siehe S. 19-21 und S. 24). Der Kompost aus großen Buchten ist zwar trotzdem ein hervorragender Mulch, doch ich ziehe die pilzhaltigere, hellere Version aus meinen etwas kühleren Palettenkompostern vor.

Das Material in der Mitte großer Haufen wird durch das Gewicht der Abfälle etwas verdichtet, sodass nur noch wenig Luft darin enthalten ist, was oft zu anaeroben Bedingungen führt (siehe S. 54–55). Deshalb ist es besonders wichtig, diese Haufen zu wenden, um Luft in die Mitte zu bekommen, damit wieder aerobe Bedingungen herrschen und die Zersetzung gefördert wird. Obendrein ist das Wenden ein großartiges Fitnessprogramm und bietet die faszinierende Gelegenheit zu sehen, wie weit der Abbau der Materialien fortgeschritten ist.

EIN BUCHTENSYSTEM BAUEN

Ich erzeuge meinen Kompost überwiegend in sieben großen, überdachten Buchten. Der Bau dieses Systems ist zeitraubender und erfordert mehr handwerkliches Geschick als bei Palettenkompostern. Weil es lange hält, lohnt es sich, gute Materialien zu verbauen.

Buchten bauen und entwerfen

Man kann abhängig von dem verfügbaren Material so viele Buchten konstruieren, wie man möchte. Drei allerdings sind das Minimum – bekommt man sie nicht gefüllt, wären kleinere Palettenkomposter die bessere Lösung (siehe S. 114–117). Ich habe sieben Buchten, die mir jedes Jahr neun Tonnen Kompost liefern.

Jede Bucht ist 1,8m breit und 1,7m hoch. Die Basis bleibt offen, sodass der Inhalt Kontakt mit dem Erdreich hat. In jeder Ecke steht ein Holzpfosten mit 15x15cm Querschnitt. Im vorderen Teil der Buchten sind die Pfosten 2,4m, im hinteren 2,1m hoch. Weil ich sie in einem 30cm tiefen Betonfundament verankert habe, damit die Buchten auch bei Sturm stabil stehen, fällt das Stahldach von 2,1m vorn auf 1,8m hinten ab.

Die massiven Holzwände der Buchten sind an die Eckpfosten geschraubt. So kann man sie bei Bedarf lösen und entfernen, um den Inhalt leicht wenden (siehe S. 83–84) oder leeren zu können.

Haltbares Material verwenden

Ich habe 2016 meine Kompostbuchten von einem Fachunternehmen bauen lassen, was umgerechnet rund 3500 Euro gekostet hat. Ich wollte etwas haben, das möglichst lange Bestand hat.

Die Pfosten und das Holz für die Dachkonstruktion sind aus druckimprägniertem Nadelholz und mit einem Holzschutzmittel behandelt, um ein Faulen zu verhindern und ihre Lebensspanne zu verlängern. Generell würde ich zwar nicht empfehlen, Buchten aus behandeltem Holz zu bauen, damit keine Chemikalien den Kompost kontaminieren, aber diese Bauteile haben wenig Kontakt mit dem verrottenden Material.

Zunächst hatte ich die Wände jeder Bucht aus Sperrholzplatten konstruiert, weil sie sich rasch und leicht verarbeiten lassen. Allerdings sind sie mir schon nach drei Jahren zerbrochen. Außerdem kann der Leim mancher Fabrikate giftig sein (siehe S. 97). Falls man Sperrholz verwenden möchte, sollte man sich erkundigen, ob die verwendeten Materialien unbedenklich sind. Inzwischen verwende ich Douglasien- oder Lärchenbretter, da sie wegen ihres hohen Ölgehalts ein natürliches Holzschutzmittel enthalten. Diese Hölzer sind zwar weder billig noch leicht zu bekommen, halten aber auch ohne chemische Behandlung viele Jahre. Vielleicht treiben Sie ähnliche heimische Hölzer auf.

Effiziente Nutzung von Buchtensystemen

Ich wende jeden Haufen nur einmal. Beim Befüllen muss sichergestellt sein, dass eine benachbarte Bucht leer ist, damit sie zum Wenden genutzt werden kann. Deshalb wird bei uns die zweite Bucht als Erste befüllt. Wird sie gewendet, kommt ihr Inhalt in Bucht eins. Die zweite befüllte Bucht ist Nummer drei, deren Inhalt beim Wenden in Nummer zwei landet und so weiter. Sobald Nummer sieben befüllt wird, ist der Kompost aus den ersten beiden Buchten bereits zum Einsatz gekommen, sodass das Ganze von vorn beginnen kann. Wird einmal der Kompost aus einer Bucht nicht rechtzeitig verbraucht, kann er in freie Buchten geworfen oder als abgedeckter Haufen zwischengelagert werden.

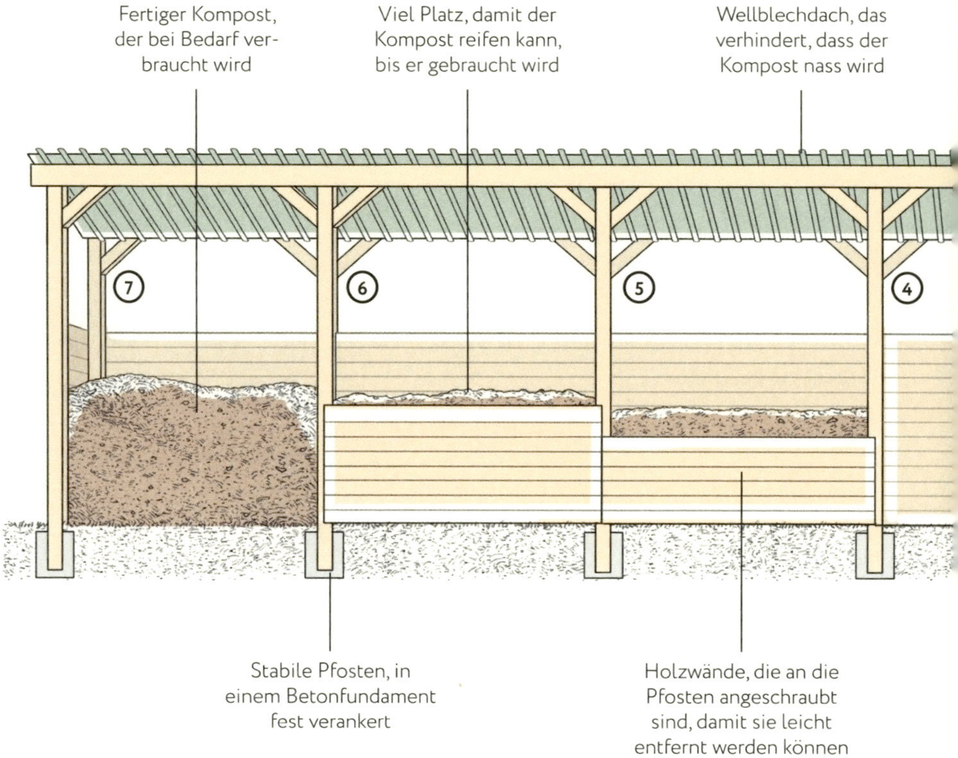

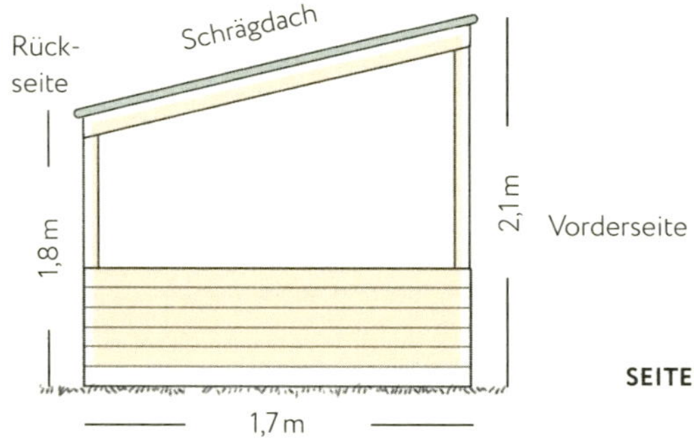

SEITENANSICHT

SYSTEM MIT SIEBEN BUCHTEN

Dieses Kompostiersystem befindet sich im Herzen meines Gartens Homeacres. Hier kann ich große Mengen Abfälle kompostieren und den Kompost lagern, bis ich ihn brauche. Es macht Spaß, damit zu arbeiten. Allerdings lohnt sich eine solche Investition nur in großen Gärten.

(1) Werkzeuglager

(2) Reifender Kompost, der in Bucht 1 kommt

(3) Aktueller Haufen, 4 Wochen alt

(4) Leere Bucht

(5) Kompost, meist mehr als 6 Monate alt

(6) Kompost, 1–2 Monate jünger als in Bucht 5

(7) Gelagerter Kompost, 10–12 Monate alt, wird gerade verbraucht

KOMPOSTER FÜR BRAUNES MATERIAL

Kohlenstoffhaltiges braunes Material wird nicht von Bakterien, sondern von Pilzen zersetzt und verrottet langsam. Geringe Mengen können auf den normalen Komposter, aber größere Mengen Herbstlaub oder Hackschnitzel werden am besten separat kompostiert.

Hackschnitzel

Ich schätze zersetzte Hackschnitzel, denn ich gebe sie als braunes Material in meinen Komposter oder verwende sie als Wegbelag. Holzhaltiger Kompost führt dem Boden Pilze zu und nährt sein Nahrungsnetz, sodass Pflanzen leichter Nährstoffe aufnehmen (siehe S. 19–21). Das Hackgut braucht viel Feuchtigkeit, um sich zu zersetzen, doch verhindert schon allein die Struktur, dass der Haufen nass bleibt, weshalb er auch nicht gewendet werden muss.

Wie lange Hackschnitzel brauchen, um sich zu zersetzen, hängt von ihrer Größe, ihrem Alter und der Holzart ab. Große, alte Laubholzschnitzel brauchen mitunter bis zu zehn Jahre, kleine frische sind schon nach 18 Monaten reif.

Laubhumus

Herbstlaub ist zwar nicht direkt holzig, zählt jedoch zum braunen Material und wird binnen zwei Jahren langsam von Pilzen zersetzt. Einen eigenen Haufen sollte man aber nur anlegen, wenn mehr anfällt, als im folgenden Jahr auf den Komposter geworfen werden kann. Sie brauchen keine Bucht dafür, es reicht, einen Haufen aus feuchtem Laub anzulegen und ihn vielleicht noch mit Folie abzudecken. Auch große Plastiksäcke mit Löchern kann man mit feuchten Blättern füllen – sie verrotten darin langsam.

NÜTZLICHE WERKZEUGE UND GERÄTE

Für das Kompostieren braucht man nur Basiswerkzeuge zum Zerkleinern von Holz und faserigem Material, zum Wenden und Belüften und vielleicht auch zum Messen der Temperatur. Das beschleunigt die Zersetzung und liefert gleichmäßigere Ergebnisse.

Taschenmesser

Harte Stängel krautiger Materialien müssen zerschnitten werden, bevor sie auf den Komposter wandern. Ein scharfes Taschen- oder Klappmesser trägt man bequem im Garten mit sich, es macht das Zerkleinern von Materialien gleich nach dem Schneiden zum Kinderspiel. Setzen Sie den Schnitt diagonal an noch grünen Stängeln an. Werfen Sie alles immer gleich auf den Haufen.

Gartenschere

Gartenscheren sind im Gegensatz zu Taschenmessern nicht ganz so bequem zu transportieren, dafür ideal zum Schneiden langer, dicker Triebe. Auch härteres Holz bis etwa 1cm Dicke kann man mit ihnen schneiden. Will man die Triebe kompostieren, sollten sie aber nicht länger als 10cm sein.

Elektroheckenschere

Mit Handheckenscheren lassen sich Hecken sehr gut schneiden. Wer aber größere Hecken und Sträucher hat, dem sei eine elektrische Heckenschere ans Herz gelegt, denn mit ihr bekommt man schnell und leicht Material für den Komposter. Sie spart Zeit und ist im Gegensatz zu benzinbetriebenen Modellen angenehm leise!

Häcksler

In mittelgroßen bis großen Gärten kann ein elektrischer Häcksler ein echter Gamechanger sein, denn dank ihm kann man größere Mengen holziges Material verarbeiten und kompostieren. Er zerdrückt und schneidet Holz, wodurch sich die Oberfläche vergrößert, sodass Pilze und Bakterien leichtes Spiel haben, was die Zersetzung beschleunigt. Meine Maschine schafft Äste bis 4,5cm Dicke, schluckt also den Großteil der anfallenden Holzabfälle. Für krautige, grüne Stängel ist der Häcksler aber nicht geeignet.

Rasenmäher

Lange, faserige Bohnen- und Erbsentriebe und anderes krautiges Material wie weicher Heckenschnitt und abgefallenes Laub lassen sich mit einem Rasenmäher zerkleinern. Sie verrotten so schneller und liefern einen leicht zu verwendenden Kompost. Breiten Sie das Material auf dem Boden aus, fahren Sie mit dem Mäher darüber und holen Sie die gehäckselten Reste aus dem Auffangkorb.

Häcksler

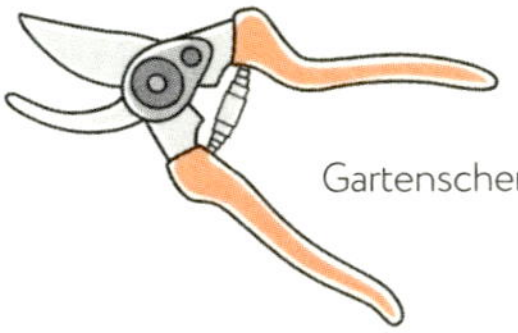

Gartenschere

Taschenmesser

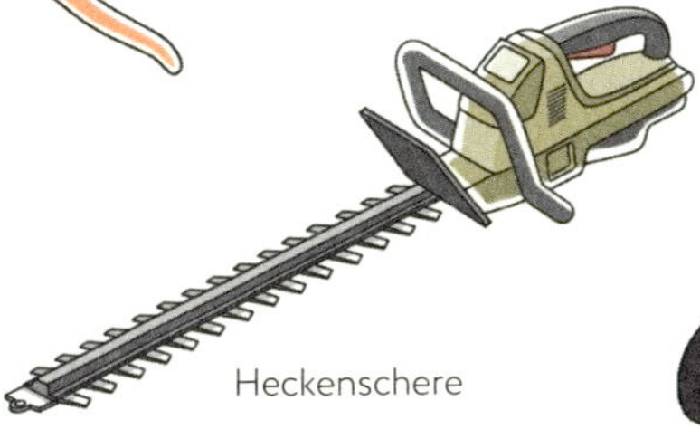

Heckenschere

Rasenmäher

Durchwurfsieb

Ich befürworte das Sieben von Kompost vor dem Auftragen auf den Boden nicht, denn nichts spricht gegen ein leicht klumpiges Endprodukt. Teilweise verrottete Hackschnitzel dagegen siebe ich, bevor ich sie auf den Komposter gebe. Ein Durchwurfsieb besteht aus einem Metallrahmen mit einem Drahtgittergeflecht, dessen Maschenweite 12mm beträgt. Es steht in einem 45-Grad-Winkel und wird von einer Metallhalterung gestützt. Wenn das Material auf das Sieb geworfen wird, passieren es die kleinen Teile, während die größeren davor nach unten fallen. Sie werden aufgesammelt und kommen wieder auf den Hackschnitzelhaufen.

Kompostthermometer

Ein Thermometer mit langer Metallsonde und einer Anzeige, auf der man die Temperatur ablesen kann, gibt sofort Auskunft über die Intensität der Bakterienaktivität im Haufen. Mit dem Thermometer stellt man fest, ob und wann die Zersetzung in einem neuen Haufen begonnen hat, ob die Hitze ausreicht, um Unkräuter abzutöten, und ob ein voller Haufen schon weitgehend abgekühlt ist und gewendet werden kann.

Mistgabel

Eine Mistgabel hat vier dünne, spitze und gebogene Zinken. Damit kann man besser in den Kompost stechen als mit einer herkömmlichen Grabegabel. Außerdem ist eine Mistgabel leichter, was auch das Wenden, Zerklopfen von Klumpen und Schaufeln des Komposts weniger mühsam macht.

Plastikschaufel

Plastikschaufeln sind leicht und ersparen einem viel Mühe beim Bewegen größerer Mengen Kompost. Sie lassen sich gut zwischen Kompost und Erde schieben, weshalb sie sich besonders zum kompletten Leeren eines Haufens eignen. Auch beim Schaufeln von Hackschnitzeln bewähren sie sich.

Aerifizierer

Sie leisten gute Dienste, wenn man keinen Platz für einen zweiten Komposter hat, in den man den Inhalt des ersten schaufeln kann. Lassen Sie aber die Finger von Ausführungen mit klappbaren Zinken, denn sie brechen leicht. Weitaus besser sind Aerifizierer aus einem einzigen Stück, das am unteren Ende wie ein Korkenzieher geformt ist. Er wird in einen Haufen gedreht und dann nach oben gezogen, sodass man die Masse aus dem unteren Bereich des Haufens nach oben befördern und den Kompost belüften kann.

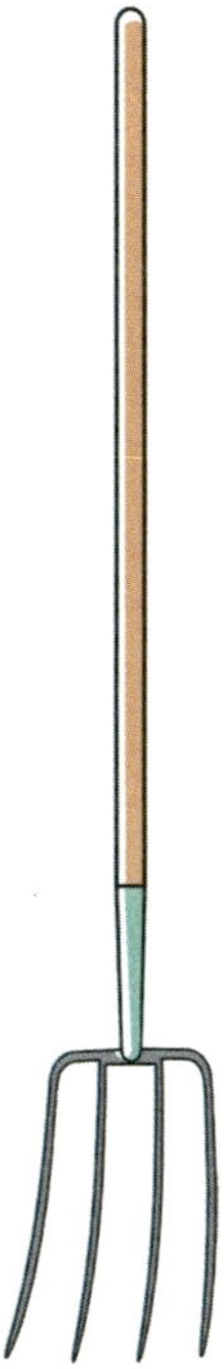

Mistgabel

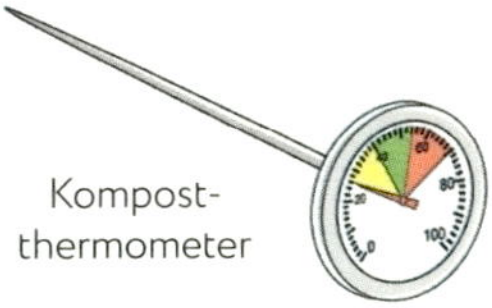

Kompost-
thermometer

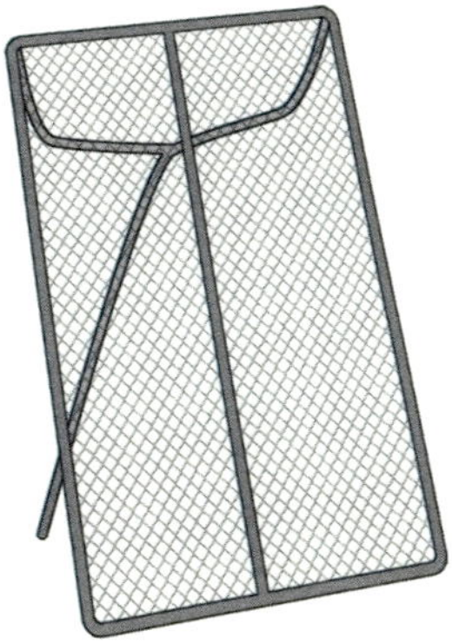

Durchwurfsieb

Plastikschaufel

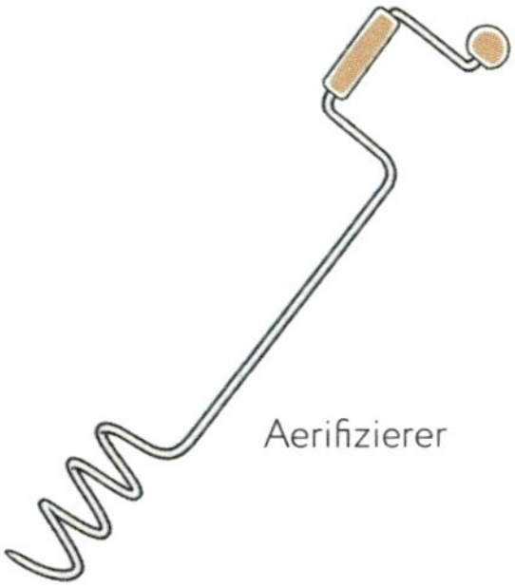

Aerifizierer

PROBLEME LÖSEN

Gartenbesitzer kommen, was ihren Komposter betrifft, mit allen möglichen Fragen und Problemen zu mir. Zum Glück handelt es sich in vielen Fällen um nichts Ernsthaftes. Die meisten Probleme lassen sich rasch lösen, wenn man weiß, wie.

Mein Haufen ist ein Magnet für Fliegen.

Fruchtfliegen und Trauermücken im Kompost sind vielleicht lästig, unterstützen aber den Zersetzungsprozess anfangs sogar. Danach verschwindet ihre Nahrungsquelle und damit auch sie.

Was tun bei stinkendem, anaerobem Kompost?

Nassen Haufen fehlt es an Luft, weshalb ein klebriger, übel riechender Kompost entsteht (siehe S. 54–55). Luft bekommt man in den Haufen entweder, indem man ihn mit einer Mistgabel wendet, um das Material aufzubrechen und die Klumpen zu belüften, oder mit einem Aerifizierer (siehe S. 129) durchmischt. Nach wenigen Wochen riecht der Inhalt wieder süßlich. Ist nasser Kompost mehr als zur Hälfte verrottet, kann man ihn auf ein Beet auftragen, wo er rasch geruchsneutral wird und sich unter der Einwirkung von Luft vollständig zersetzt.

Sind Ameisennester ein Problem?

Ameisen gehören zum Kompostleben und bereiten keine Probleme, wenn der Kompost ausgebracht wird. Sie nisten in trockenen, warmen Taschen zwischen halb zersetztem Material, vor allem, wenn es bereits recht feinkrümelig ist. Ameisennester werden weniger, wenn man das Material feucht hält und den Haufen leert, sobald er zu reif ist (siehe S. 85–86).

Warum bekomme ich keinen guten Kompost hin?

Jeder hat unterschiedliche Erwartungen, aber Ihr Kompost ist vermutlich besser, als Sie denken. Fast jeder Gartenkompost enthält Klumpen und unzersetzte Stücke. Das ist kein Problem, denn er muss nicht perfekt feinkrümelig und einheitlich sein, wenn man ihn zum Mulchen verwendet (siehe S. 85–86). Wichtig ist vor allem, den Kompost gut einzusetzen und jedes Mal ein bisschen dazuzulernen.

Ich habe überwiegend weiches, grünes Material.

Grünes Material (siehe S. 64–65) enthält viel Wasser und hat nicht genug Struktur, um Lufteinschlüsse zu bewahren. Das kann schnell eine mit üblen Gerüchen verbundene anaerobe Zersetzung in Gang setzen (siehe S. 54–55). Aber wenn man das grüne Material durch genug braunes ergänzt, entsteht trotzdem ausgezeichneter Kompost. Sammeln Sie deshalb im Herbst und Winter viele holzige Gartenabfälle, Karton und Herbstlaub, das Sie im Frühjahr und Sommer unter das grüne Material mischen.

Mein Kompost ist voller Unkrautsamen. Was kann ich dagegen tun?

Das ist kein Grund, den Kompost nicht zu verwenden, aber Sie sollten darauf vorbereitet sein! Wenn Sie viele winzige Sämlinge sprießen sehen, gehen Sie an einem sonnigen Morgen mit einer Hacke, einem Rechen oder einer Handschaufel locker über die Oberfläche des Komposts, dann sind die Pflänzchen bis zum Nachmittag alle welk. 2–3 Wochen nach dem Ausbringen von Kompost, der Unkrautsamen enthält, kann man beispielsweise Möhren ansäen. Danach sollten weniger Unkräuter keimen und sich leichter bekämpfen lassen.

Woher weiß ich, wann und wie stark ich einen trockenen Haufen wässern muss?

Knochentrockenes, staubiges Material verrottet nicht, denn für den Zersetzungsprozess muss wenigstens ein bisschen Feuchtigkeit vorhanden sein (siehe S. 42–43). Schneiden Sie faserige Stängel und holziges Material in kurze Stücke (siehe S. 76), um trockene, luftgefüllte Lücken im Haufen zu vermeiden, und feuchten Sie trockenes Material mit feinem Sprühnebel an, damit das Wasser nicht zu schnell durch den Haufen hindurchrinnt.

Warum ist mein Haufen nicht warm?

Hitze ist das Produkt vieler Milliarden Bakterien, die sich von stickstoffreichem grünem Material im Haufen ernähren (siehe S. 43–44). Wenn wenig frischer grüner Abfall vorhanden ist, etwa in kleinen Haufen, im Winter oder in speziell für Hackschnitzel oder Laubhumus angelegten Kompostern, entwickelt sich wenig Hitze. Guten Kompost bekommt man trotzdem, es dauert nur länger (siehe S. 56–57).

Lockt ein Komposthaufen Ratten an?

Ratten halten ständig Ausschau nach Futter und suchen sich im Winter ein warmes Plätzchen als Unterschlupf – in Kompostern finden sie beides. In meinen Haufen entdecke ich manchmal im Spätherbst Ratten, doch verziehen sie sich im Frühjahr wieder, womit ich leben kann. Wer sie nicht haben will, sollte auf das Kompostieren von Küchenabfällen verzichten.

Ist eine Verunreinigung mit Herbiziden bedenklich?

Wird Material aus dem eigenen Garten kompostiert, ist eine Verunreinigung mit Herbiziden unwahrscheinlich. Viele Unkrautvernichtungsmittel enthalten Pyralide, die mitunter auf Weidegras für Nutzvieh gesprüht werden oder in Präparaten zur Bekämpfung von Rasenunkräutern enthalten sind. Sie zersetzen sich beim Kompostieren nicht. Kommt Stallmist oder Grasschnitt mit Rückständen auf einen Komposter, kann der fertige Kompost Gartenpflanzen schädigen (siehe S. 34). Verhindern lässt sich das, indem man sich erkundigt, ob die Landwirte und Nachbarn, von denen man sich Material holt, Herbizide auf Pyralidbasis verwendet haben (siehe S. 34–35).

Warum bekomme ich den Komposter nicht voll?

Verrottendes Material setzt sich (siehe S. 43). Selbst wenn man einen Haufen über längere Zeit hinweg beschickt, wird er nicht viel mehr als halb voll sein, sobald der Kompost reif ist. Machen Sie aus zwei Haufen einen, dann bekommen Sie einen vollen Komposter.

In meinem Kompost sehe ich weißen Pilzbefall.

Weiße Pilzfäden bzw. Myzelien im Komposter sind ein gutes Zeichen. Sie zeigen, dass Pilze das holzige Material zersetzen (siehe S. 45). Bei manchen seidigen Fäden kann es sich auch um nützliche Actinomycetales-Bakterien handeln, die zähe pflanzliche Abfälle zersetzen.

Wie erzeuge ich genug Kompost für meinen Garten?

Besorgen Sie sich Material von außerhalb (siehe S. 78–79), etwa Hackschnitzel, Stallmist oder Gartenabfälle aus der Nachbarschaft, sofern sie nicht mit Herbiziden behandelt sind.

Eine andere Möglichkeit ist, einfach weniger Kompost zu verwenden, also jährlich eine dünnere, etwa 1cm hohe Mulchschicht im Garten aufzutragen, denn auch das bringt etwas.

REGISTER

QUELLEN

CHARLES DOWDING ONLINE UND IN DEN SOZIALEN MEDIEN

Website charlesdowding.co.uk

YouTube-Kanal Charles Dowding

Instagram charles_dowding

Facebook CharlesDowdingNoDigGardening

TikTok charles_dowding

WEITERFÜHRENDE LITERATUR

No Dig – Gärtnern ohne Umgraben von Charles Dowding (DK, 2023)

Gemüsegärtnern wie die Profis: Boden schonen – Ertrag steigern von Charles Dowding (blv, 2013)

The Humanure Handbook: A guide to composting human manure von Joseph C. Jenkins (Jenkins Publishing, USA, 2006)

The Compost Coach: Make compost, build soil and grow a regenerative garden – wherever you live! von Kate Flood (Murdoch Books, 2023)

Common sense compost making by the quick return method von Maye E. Bruce (Faber & Faber, 1973. QR Composting Solutions, 2009)

Mycelium Running: How mushrooms can help save the world von Paul Stamets (Ten Speed Press, 2005)

Teaming with Microbes: The organic gardener's guide to the soil food web von Jeff Lowenfels und Wayne Lewis (Timber Press, 2010)

Organic Gardening: The natural no-dig way von Charles Dowding (3. Aufl. Green Books, 2018. 4. Aufl. Bloomsbury, 2026)

Dr Elaine's Soil Food Web School [Website], Dr Elaine Ingham, www.soilfoodweb.com

QUELLENANGABEN

12–13 "Humus does not exist – says new study", Robert Pavlis, Garden Myths [Webartikel], gardenmyths.com/humus-does-not-exist-says-new-study/

16–18 "Study linking beneficial bacteria to mental health makes top 10 list for brain research", CU Boulder Today, University of Colorado Boulder [Webartikel], 5. Januar 2017, https://www.colorado.edu/today/2017/01/05/study-linking-beneficial-bacteria-mental-health-makes-top-10-list-brain-research

"Getting dirty may lift your mood", Christopher Lowry, University of Bristol [Webartikel], 14. Juni 2007, https://www.bristol.ac.uk/news/2007/11797584419.html

22–23 White JF, Kingsley KL, Verma SK, Kowalski KP, "Rhizophagy Cycle: An Oxidative Process in Plants for Nutrient Extraction from Symbiotic Microbes", *Microorganisms*, 17. Sept. 2018;6(3):95

24 *Entangled Life: How fungi make our worlds, change our minds, and shape our futures*, Merlin Sheldrake (Vintage, 2021)

25–26 "Fertilisers reduce plant-beneficial bacteria around roots", Rothamsted Research [Webartikel], https://www.rothamsted.ac.uk /news/fertilisers-reduce-plant-beneficial-bacteria-found-around-roots

"Kicking the habit: fertilisers", Rothamsted Research [Webartikel], 23. Sept 2022, https://www.rothamsted.ac.uk/article/kicking-habit-fertilisers

28 Eddie Bailey, Microscope images of soil aggregation (x400), Okt. 2021, https://www.rhizophyllia.co.uk/about/

31–33 Cheng Liang, DiTommaso Antonio, Kao-Kniffin Jenny, "Opportunities for Microbiome Suppression of Weeds Using Regenerative Agricultural Technologies", *Frontiers in Soil Science 2* (2022), https://www.frontiersin.org/articles/10.3389/fsoil.2022.838595

Rinaudo, V., Bàrberi, P., Giovannetti, M. et al., "Mycorrhizal fungi suppress aggressive agricultural weeds", *Plant Soil* 333, 7–20 (2010), https://doi.org/10.1007/s11104-009-0202-z

REFERENZEN

Thomas Engel, Texas, USA

2021 habe ich angefangen, Ihr Mehr-Kammer-System nachzubauen, wie ich es in Ihren Videos gesehen habe. In unserer ersten Saison haben wir fast einen Kubikmeter Kompost erzeugt. Dieses Jahr sind wir schon fast bei zwei Kubikmetern. Im Frühjahr konnte ich auf 75 Prozent unserer Beete eine 2–3 cm hohe Kompostschicht verteilen. Wir haben mehrere Tomatensorten, Paprika, Kräuter und Blüten in der verbesserten Erde gezogen. Das Ergebnis konnte sich sehen lassen.

June Williams, Wales, Großbritannien

Nachdem wir Ihre Kompostiertipps beherzigt haben, brachte ich meinen Haufen dazu, sich bis auf 60 Grad Celsius aufzuheizen!!!

Beata Wypych, Polen

Mein neuer No-Dig-Blumengarten sieht im Vergleich zu dem meiner Nachbarin prächtig aus. Wir hatten dieses Jahr einen sehr heißen Juni, aber in meinem neuen Garten war von Trockenheit nichts zu spüren. Alle in meiner Umgebung haben sich darüber beklagt – außer mir!

Monja Smith, USA

Danke, dass Sie mich (und viele andere) dazu gebracht haben, einen eigenen Komposter anzulegen und externes Material wie Hasenmist, Laub und Hackschnitzel zu verwenden. Ich kann nun richtig guten Kompost in einer Menge ansetzen, die ausreicht, alle meine Beete damit zu mulchen. Mit dieser Methode hat sich mein Garten enorm verbessert. Ich spare Geld und genieße das Kompostieren unglaublich.

Clive's Conundrum Garden, Kanada

Danke!! Vor ein paar Wochen konnten wir zum ersten Mal eigenen Kompost ernten. Wir haben ihn in einem Feldversuch mit gekauftem, als Premiumqualität etikettiertem Kompost und gutem Kompost aus einer Kompostieranlage in der Nähe verglichen. Das Ergebnis hat uns umgehauen. Wir bauen nun Nutzpflanzen von erstaunlicher Qualität damit an. Zum Glück haben wir alles dokumentiert, um es unseren Verwandten und Freunden beweisen zu können. Wir erweitern unsere Kompostanlage zurzeit und behandeln sie nun im Gegensatz zu unserem früheren Komposter als Priorität!!

Richard Loader, Dorset, Großbritannien

Seit wir Charles Dowdings Garten einen Besuch abgestattet und sein Kompostiersystem erlebt haben, sehen wir unsere Komposthaufen unter einem ganz neuen Blickwinkel. Bisher erschien uns das Jäten, Schneiden und Mähen sehr mühsam, aber inzwischen sind diese Arbeiten zu einer Art Ernte für das geworden, was wir nun unser »Biest« nennen. Wir sammeln grünes und braunes Material, mischen es so, dass der Appetit unseres Biests gestillt wird, und genießen es, den Zersetzungsprozess und die Hitzeentwicklung darin zu beobachten. Unser Komposter ist für uns fast eine Art Haustier geworden!

Russell 'The Free Radicals', Queensland, Australien

Selbst bei Dürre und widrigsten Wetterbedingungen hier in South East Queensland liefern unsere No-Dig-Gärten weiter Leckeres, während die meisten anderen Gärten ihre Tätigkeit fast eingestellt haben.

DANK DES AUTORS

Ich danke meinem Gartenteam auf Homeacres, allen voran Adam Wood, weil er eine so große Hilfe beim Wenden und Verteilen des Komposts war. Ein Dank geht auch an Eddie Bailey, der mir mit seinem Mikroskop neue Einblicke verschafft hat, und an meinen Sohn Edward Dowding für seine Fotos und Videos. Dankbar bin ich Chris Young, der die Idee zu diesem Buch hatte, und Jo Whittingham für ihre großartige Unterstützung beim Schreiben und Herausgeben des Buchs. Nicht unterschlagen möchte ich den Einfluss von Maye E. Bruces Buch *Common-sense Compost Making by the Quick Return Method.* Ich wende nicht alle ihre Methoden an, aber sie ist die erste Autorin, die überdachte Komposter empfiehlt. Mir gefällt auch, wie sie mit gesundem Menschenverstand arbeitet und das Kompostieren immer einfach hält, sodass man es problemlos versteht.

DANK DES VERLAGS

Der Verlang dankt Vanessa Bird für das Register und Kathy Steer für das Korrektorat.

DK Penguin Random House

London / Delhi
Lektorat Katie Cowan, Ruth O'Rourke, Alastair Laing, Jo Whittingham
Gestaltung und Bildredaktion Barbara Zuniga, Maxine Pedliham, Geoff Borin
Umschlaggestaltung Emily Cannings
Herstellung David Almond, Stephanie McConnell

Holzschnitte Jonathan Gibbs
Illustrationen Peter Bull Art Studio
Fachberatung Chris Young

Für die deutsche Ausgabe:
Projektbetreuung Manuela Stern
Herstellungskoordination Claudia Rode
Herstellung und Covergestaltung Sabine Hüttenkofer

Titel der englischen Originalausgabe: Compost

Übersetzung Reinhard Ferstl
Lektorat Dr. Ruthild Kropp

ISBN 978-3-8310-5062-8
5902-339680-23794-01

Druck und Bindung TBB, a.s., Slowakei

FSC www.fsc.org MIX Papier | Fördert gute Waldnutzung FSC® C018179

www.dk-verlag.de

Hinweis
Die Informationen und Ratschläge in diesem Buch sind vom Autor und vom Verlag sorgfältig erwogen und geprüft, dennoch kann eine Garantie nicht übernommen werden.
Eine Haftung des Autors bzw. des Verlags und seiner Beauftragten für Personen-, Sach- und Vermögensschäden ist ausgeschlossen.